Die thermodynamische Berechnung der Dampfturbinen

Von

Dr.-Ing. G. Forner
a. o. Professor an der Technischen Hochschule zu Berlin

Mit 57 Abbildungen im Text
und 25 Zahlentafeln

Berlin
Verlag von Julius Springer
1931

ISBN-13: 978-3-642-98673-4 e-ISBN-13: 978-3-642-99488-3
DOI: 10.1007/978-3-642-99488-3

Softcover reprint of the hardcover 1st edition 1931

Vorwort.

Das vorliegende Werk ist in erster Linie für Studierende technischer Lehranstalten und für solche Ingenieure bestimmt, die zwar die Theorie der Dampfturbine kennen, aber in ihrer praktischen Berechnung noch keine Erfahrung oder Übung besitzen. Es will dem Anfänger zeigen, wie man vorgehen kann, wenn man vor die Aufgabe gestellt ist, eine Dampfturbine zu berechnen. Die Art des Vorgehens wird an einem ausführlich durchgerechneten Zahlenbeispiel gezeigt. Zuerst werden Stufenzahl und Raddurchmesser durch Überschlagsrechnungen festgelegt, wobei die hierfür maßgebenden Gesichtspunkte erörtert werden; hierauf werden die Abmessungen der einzelnen Stufen berechnet. Diese Art des Vorgehens hat naturgemäß eine in mancher Hinsicht unsystematische Darstellung zur Folge, die von der Darstellung in den Lehrbüchern des Dampfturbinenbaues abweicht, aber als berechtigt angesehen werden kann, weil die Kenntnis der Theorie der Dampfturbine vorausgesetzt ist. Auch Wiederholungen haben sich infolgedessen nicht immer vermeiden lassen.

In den Zahlenrechnungen und Formeln sind für verschiedene Größen, z. B. Strömungsverluste, Undichtheit, zulässige Grenzwerte von Durchmesser und Schaufellänge, Winkel usw. Annahmen gemacht, die teils auf eigenen Anschauungen und Erfahrungen beruhen, teils der Literatur entnommen oder geschätzt sind. Über die Berechtigung von manchen dieser Annahmen werden sicher die Meinungen der Fachkreise auseinandergehen; allein Erfahrungswerte sind vergänglich, und was heute noch als richtig gilt, kann morgen schon durch die Ergebnisse neuer Forschungen überholt sein. Auch wenn man für die Beiwerte oder Grenzwerte der Zahlenrechnungen und Formeln andere Annahmen macht, ändern sich zwar unter Umständen einige Abmessungen der zu berechnenden Turbine, allein der Rechnungsgang, die „Methodik", deren Entwickelung der Hauptzweck dieses Buches sein soll, bleibt davon unberührt. Fast alle Zahlenrechnungen sind in tabellarischer Form ausgeführt, wobei grundsätzlich darauf geachtet ist, daß die Entstehung jeder einzelnen Zahl am Rande vermerkt ist. Dies Verfahren hat den Vorteil, daß jeder Fachmann die Rechnung ohne weiteres versteht und nachprüfen kann.

Berlin, im Juni 1931.

G. Forner.

Inhaltsverzeichnis.

Berichtigungen.

Es soll heißen:

Seite 7, Zeile 4 von unten: $2 \cdot \sqrt{F : \pi}$ (statt $2 \cdot \sqrt{F^2 \pi}$).

Seite 10, Zeile 1 von oben: $h_{c'}$ (statt h'_c).

Seite 26, Zeile 5 von oben: Zahlentafel (statt Zahlentafel).

Seite 66, Zeile 2 von unten: nicht wachsen (statt nicht zu wachsen).

Seite 68, Abb. 38: w' (statt $: w$).

Seite 119, Abb. 55: Die Fläche um den Punkt M herum in der oberen Hälfte sollte senkrecht (nicht schräg) schraffiert sein.

I. Einleitung.

Man unterscheidet zwei Hauptarten von Dampfturbinen:

1. Einstromturbinen, bei denen der gesamte Dampf in einem einzigen Strom durch alle Turbinenstufen fließt,

2. Mehrstromturbinen, bei denen nur ein Teil des gesamten Dampfes durch alle Stufen fließt, während der Rest des Dampfes nur einzelne Stufen durchströmt; bei ihnen fließt also der Dampf gewissermaßen in mehreren voneinander unabhängigen Strömen durch die Turbine.

Zu den Einstromturbinen gehört die reine Kondensationsturbine, die entweder mit hochgespanntem Frischdampf (Hochdruck-Kondensationsturbine) oder mit niedriggespanntem Abdampf (Abdampfturbine) und Kondensation betrieben wird, und die Gegendruckturbine, deren gesamter Abdampf für Heiz-, Koch- oder andere Zwecke verwendet wird.

Zu den Mehrstromturbinen gehört die Anzapfturbine und die Mehrdruckturbine. Bei der Anzapfturbine wird aus einer oder mehreren Zwischenstufen Dampf für Heiz- oder Kochzwecke entnommen, während ihr Abdampf entweder in einem Kondensator niedergeschlagen oder ebenfalls für Heiz- oder Kochzwecke verwendet wird. Die Mehrdruckturbine wird mit Dampf verschiedener Spannung betrieben; hierbei durchfließt der höher gespannte Dampf alle Stufen, während der Dampf niederen Druckes entweder der ersten Stufe durch besondere Düsen oder irgendeiner Zwischenstufe zugeführt wird. Die Mehrdruckturbine wird in der Regel als Zweidruckturbine (Frischdampf-Abdampf-Turbine oder Frischdampf-Speicherdampf-Turbine) ausgeführt. In Abb. 1 und 2 sind eine Anzapfturbine und eine Zweidruckturbine und in Abb. 5 eine Einstromturbine schematisch dargestellt; bei Abb. 1 und 2 ist nur der umlaufende Teil, also die Welle mit den Radscheiben, gezeichnet.

Die Turbinenstufen werden entweder als Gleichdruckstufen oder als Überdruckstufen ausgeführt.

Bei den Gleichdruckstufen (früher auch Druckstufen oder Aktionsstufen genannt) herrscht auf beiden Seiten der Laufschaufeln der gleiche Druck und der Dampf expandiert nur in den feststehenden Düsen (Leitschaufeln). Man unterscheidet Gleichdruckstufen ohne Geschwindigkeitsstufen (A-Stufen) und solche mit Geschwindigkeitsstufen (Curtis- oder C-Stufen).

Bei den Überdruckstufen (auch Reaktionsstufen oder R-Stufen genannt) expandiert der Dampf auch oder nur in den Laufschaufelkanälen, so daß der Druck vor diesen größer als dahinter ist.

Überdruckstufen, bei denen der durch Expansion in den Laufkanälen erzeugte Teil des Stufengefälles im Verhältnis zum Stufengefälle nur klein ist, werden als Druckstufen mit leichter Überdruckwirkung bezeichnet und meistens zu den Gleichdruckturbinen gerechnet. Je nachdem, ob sie ohne oder mit Geschwindigkeitsabstufung arbeiten, sollen sie als Ar- oder Cr-Stufen bezeichnet werden.

Nach der Hauptrichtung des strömenden Dampfes unterscheidet man ferner Axialturbinen und Radialturbinen.

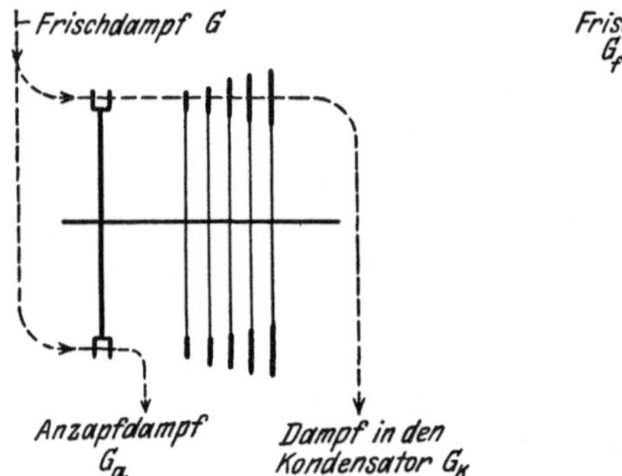

Abb. 1. Schema einer Anzapfturbine.

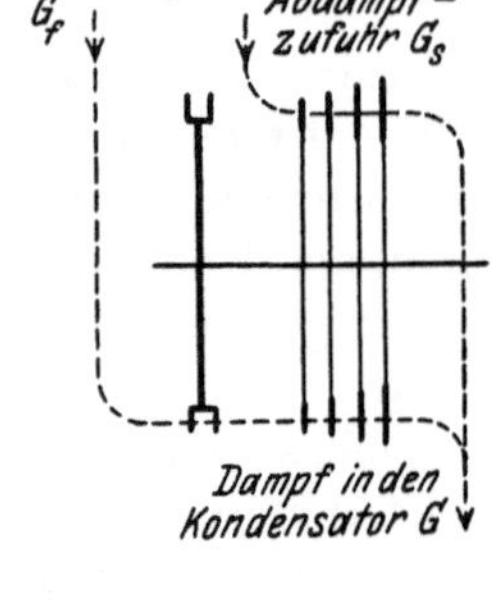

Abb. 2. Schema einer Zweidruckturbine.

Jede der genannten Bauarten hat ihre Vorzüge und Nachteile. Die Frage, mit welcher Bauart man den besten Wirkungsgrad erzielen kann, ist bis heute noch nicht geklärt. Entscheidend sind die Strömungs- und Undichtheitsverluste, deren Größe sich nur angenähert bestimmen läßt. Bei entsprechender Wahl dieser Größe kann man für jede Bauart eine Überlegenheit errechnen. Die einzige Möglichkeit, diese Frage einwandfrei zu beantworten, ist der Versuch im großen, d. h. an ganzen Turbinen. Aus den bisher bekannt gewordenen Versuchsergebnissen lassen sich jedoch noch keine eindeutigen Schlußfolgerungen ziehen, so daß die endgültige Beantwortung der Frage der Zukunft überlassen werden muß.

Für die Wahl der Bauart sind weiter von Bedeutung der Preis, das Gewicht, der Raumbedarf und vor allem die Betriebssicherheit der Turbine.

Steht man vor der Aufgabe, für bestimmte gegebene Verhältnisse eine Turbine zu berechnen, und hat man sich für die Bauart entschieden, so bestimmt man zuerst durch eine Überschlagsrechnung die hauptsächlichsten Abmessungen; diese sind die Querschnitte der Dampfzu- und -ableitungen, die Anzahl und Durchmesser der Laufräder und die Schaufellängen. Darauf wird die Turbine entworfen und auf ihre mechanischen Eigenschaften (Festigkeit, kritische Drehzahl, Schwingungen usw.) nachgerechnet. Wenn sich hierbei beispielsweise zeigt, daß einer der gewählten Durchmesser oder eine Schaufellänge aus Festigkeits- oder anderen Gründen unzulässig ist, muß die Überschlagsrechnung solange wiederholt werden, bis gegen die Wahl der Abmessungen keine Einwendungen mehr erhoben werden können. Dann erst werden die genauen Abmessungen der Einzelstufen berechnet.

In der vorliegenden Schrift sollen nur die thermodynamischen Berechnungen, also die Überschlagsrechnung und die Berechnung der Einzelstufen, behandelt werden. Alle Rechnungsmethoden sollen durch Zahlenbeispiele anschaulicher gemacht werden. Hierbei ist das spezifische Volumen des Dampfes nach der Zustandsgleichung von Mollier[1] berechnet. Für die Berechnung der Abmessungen ist es an sich praktisch gleichgültig, welche Entropietafel man verwendet; bei den folgenden Zahlenrechnungen soll, abgesehen von gewissen Ausnahmefällen, stets die *is*-Tafel von Wagner[2] verwendet werden, und zwar deswegen, weil bei ihr infolge der großen Anzahl der eingetragenen Zustandslinien für Druck und Temperatur das Interpolieren zwischen zwei Isobaren oder Isothermen mit weniger Fehlern verbunden ist.

Zu den gewählten Bezeichnungen soll noch bemerkt werden, daß häufig als Index eine Geschwindigkeit verwendet worden ist. Beispielsweise bedeutet $i_{w'}$ oder $v_{w'}$ den Wärmeinhalt oder das spezifische Volumen des Dampfes an der Stelle, wo seine Geschwindigkeit gleich w' ist.

Da die Kondensationsturbine ohne Zufuhr oder Entnahme von Dampf die am häufigsten vorkommende Turbinenart ist, soll sie an erster Stelle und am ausführlichsten besprochen werden.

II. Berechnung einer Kondensationsturbine.

A. Allgemeines.

1a. Gegebene Größen.

Gegeben sei

die Drehzahl . . . . n
die Nennleistung an der Turbinenkupplung . . . . . . N_e
der Dampfdruck vor dem Hauptabsperrventil . . . . . p_0
die Dampftemperatur vor dem Hauptabsperrventil . . . t_0
der Gegendruck am Ende des Abdampfstutzens . . . . p_A.

[1] L. 12. [2] L. 15.

Aus dem adiabatischen Wärmegefälle H' in kC/kg (Abb. 3) ergibt sich der (theoretische) Dampfverbrauch der verlustlosen Maschine $D' = 860\ H'$ in kg/kWh.

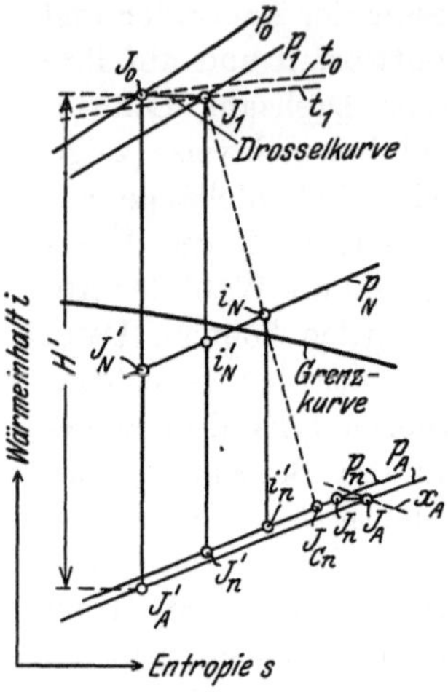

Abb. 3.

Für das Rechnungsbeispiel soll angenommen werden:

$$n = 3000 \text{ Uml./min;}$$
$$p_0 = 15 \text{ ata;}$$
$$t_0 = 350^0;$$
$$p_A = 0{,}05 \text{ ata;}$$
$$N_e = 10000 \text{ kW.}$$

Für D' erhält man verschiedene Werte, je nachdem welche Entropietafel man verwendet. Um zu zeigen, welche Unterschiede hierbei in Frage kommen, ist D' in Zahlentafel 1 nach den *is*-Tafeln von Wagner[1], Knoblauch-Raisch-Hausen[2], Stodola[3] und Mollier[4] berechnet.

Zahlentafel 1.

is-Tafel von . . . . . aus dem Jahre		Wagner 1913	Knoblauch-Raisch-Hausen 1923	Stodola 1924	Mollier 1925	
Abb. 3 J_0	kC/kg	753,0	750,6	751,0	752,5	
Abb. 3 J'_A	„	518,8	516,2	516,3	517,8	
H'	„	234,2	234,4	234,7	234,7	$= J_0 - J'_A$
D'	kg/kWh	3,672	3,669	3,665	3,665	$= 860/H'$

Der Unterschied zwischen dem höchsten und niedrigsten Wert von D' ist nur etwa 0,2%; im vorliegenden Falle ist es also praktisch gleichgültig, welche von den genannten *is*-Tafeln man verwendet.

Ist η_e der thermodynamische Wirkungsgrad (Gütegrad) bezogen auf die effektive Leistung N_e an der Turbinenkupplung, so ist der spezifische Dampfverbrauch $D_e = \frac{D'}{\eta_e}$ in kg/kWh und die Dampfmenge $G_h = D_e \cdot N_e$ in kg/h oder $G = \frac{G_h}{3600}$ in kg/s.

1b. Der erreichbare Wirkungsgrad η_e.

Die Höhe des erreichbaren Wirkungsgrades hängt außer von den gegebenen Größen in der Hauptsache von dem Wert $\sum(u^2)$ = Summe der Quadrate der mittleren Umfangsgeschwindigkeiten aller hintereinander geschalteter Laufkränze ab. Die Beziehung zwischen diesen

[1] L. 15. [2] L. 10. [3] L. 14. [4] L. 12.

Größen kann für mehrstufige Kondensations-Turbinen durch die Näherungsgleichung des Verfassers[1]:

$$\eta_e = 0{,}77 \cdot \frac{\left(1 + \frac{\tau_0}{1650}\right) \cdot \left[1 - \frac{(l-90)^3}{12000}\right]}{\left(1 + \frac{75}{N_e}\right)} \cdot \frac{1{,}222}{\frac{0{,}27}{\nu} + \sqrt{\nu}} \tag{1}$$

wiedergegeben werden. Hierin ist

τ_0 die Überhitzung des Frischdampfes über die Sättigungstemperatur in ^{0}C,

l der Unterdruck (Vakuum) am Ende des Abdampfstutzens in %, bezogen auf einen Barometerstand von 760 mm QS,

$\nu = \sqrt{\frac{\Sigma(u^2)}{H'}} : 91{,}53$ die hydraulische Kennzahl.

Diese Gleichung gilt bei Verwendung der *is*-Tafel von Stodola mit $\pm$ 1% Spiel innerhalb der Grenzen

$p_0 \cong 10$ bis 20 ata, $\tau_0 \cong +50$ bis $+150^0$, $l \cong 90$ bis 97%,

$N_e > 1000$ kW, $\nu \cong 0{,}3$ bis 0,6.

Im Zahlenbeispiel ist die zu $p_0 = 15$ ata gehörige Sättigungstemperatur $t_0'' = 192{,}4^0$, die Überhitzung $t_0 - t_0'' = \tau_0 = +152{,}6''$, der Unterdruck $\left(1 - \frac{p_A}{1{,}0333}\right) = l = 95{,}161\%$.

Damit wird

$$\eta_e = \frac{1{,}00865}{\frac{0{,}27}{\nu} + \sqrt{\nu}}. \tag{1a}$$

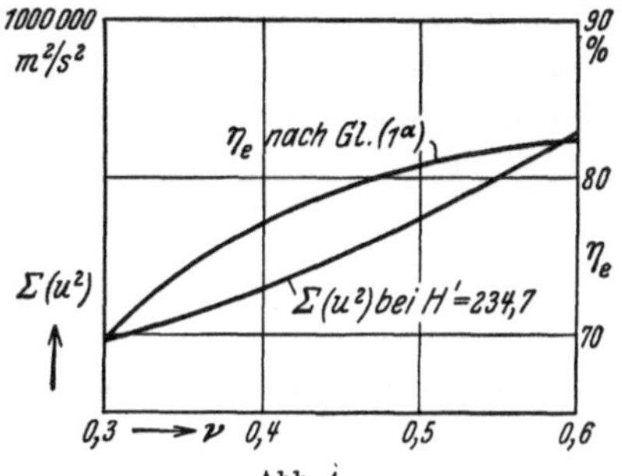

Abb. 4.

Die Kennzahl ν hat bei mehrstufigen Turbinen eine ähnliche Bedeutung, wie das Verhältnis u/c bei Einzelstufen[2].

In Abb. 4 ist η_e nach Gl. (1a) und $\sum(u^2) = 8380 \cdot H' \cdot \nu^2$ abhängig von ν aufgetragen. Die Kurve, die bei $\nu \cong 0{,}6635$ einen Höchstwert hat, zeigt, daß man, wenn man bei den gegebenen Verhältnissen η_e beispielsweise von 0,80

auf	0,81	0,82	
also um	1,25	2,50	%
steigern will, man den Wert $\Sigma(u^2)$ von ~ 430000. . . . . . . auf	~ 515000	~ 645000	m²/s²
also um	~ 20	~ 50	%

vergrößern muß. Eine Vergrößerung von $\sum(u^2)$ bedeutet aber eine Erhöhung der Stufenzahl oder Vergrößerung der Raddurchmesser, also

[1] L. 7. [2] S. 13.

eine Verteuerung der Turbine. Wie groß man $\sum(u^2)$ wählen muß, um den besten wirtschaftlichen Wirkungsgrad zu erzielen, kann nur im Einzelfall entschieden werden.

Gl. (1) war rein empirisch durch graphische Auftragung von Versuchsergebnissen gewonnen worden; sie ist also nur eine statistische Formel, die angibt, welche Wirkungsgrade innerhalb der angegebenen Grenzen bei den besten bisher bekannt gewordenen Versuchsergebnissen an Turbinen verschiedener Bauart erreicht worden sind. Keineswegs aber soll sie die Grenzen des überhaupt Erreichbaren darstellen. Wegen der rein empirischen Art ihrer Entstehung und ihres Aufbaues ist die Formel außerhalb der angegebenen Gültigkeitsgrenzen nicht mehr zuverlässig[1]; da sie sich außerdem fast nur auf Ergebnisse von Versuchen an Gleichdruckturbinen stützt, kann ihre Gültigkeit für Überdruckturbinen nur vermutet werden. Es ist durchaus möglich, daß der Einfluß von ν je nach der Bauart und Größe der Turbine verschieden ist. Wahrscheinlich ist der Wert ν_m, bei dem η_e den Höchstwert hat, bei Turbinen kleiner Leistung kleiner als bei solchen großer Leistung. Möglich ist auch, daß ν_m und der Höchstwert von η_e bei Überdruckturbinen größer als bei Gleichdruckturbinen ist. Die bisher bekannt gewordenen Versuchsergebnisse reichen jedoch nicht aus, um derartige Unterschiede zahlenmäßig zu bestimmen.

Wir wollen annehmen, daß bei voller Belastung ein spezifischer Dampfverbrauch $D_e = 4{,}6$ kg/kWh gewährleistet sei. Der diesem Dampfverbrauch entsprechende Wirkungsgrad ist nach der *is*-Tafel von Stodola

$$\eta_e = \frac{3{,}665}{4{,}6} = 0{,}7976\,.$$

Der Berechnung soll als erreichbar ein Wirkungsgrad $\eta_e = 0{,}80$ zugrunde gelegt werden. Diesem entspricht

ein Dampfverbrauch . . . . $D_e = \dfrac{3{,}655}{0{,}80} = 4{,}581$ kg/kWh

und eine Dampfmenge . . . $\begin{cases} G_h = 4{,}581 \cdot 10000 = 45810 \text{ kg/h} \\ G = \dfrac{45810}{3600} = 12{,}725 \text{ kg/s}. \end{cases}$

Zur Erreichung dieses Wirkungsgrades ist beim Rechnungsbeispiel nach Abb. 4 eine Kennzahl $\nu \cong 0{,}468$ und $\sum(u^2) \cong 430000$ m²/s² erforderlich. Stufenzahl und Durchmesser der zu berechnenden Turbine sind also derart zu wählen, daß $\sum(u^2)$ möglichst nicht kleiner als 430000 m²/s² ist.

---

[1] Eine neue Formel, in der die verschiedenen Einflüsse der Theorie besser angepaßt sind, wird demnächst veröffentlicht werden.

1c. Dampfzuleitung.

Nach der Kontinuitätsgleichung ist der Querschnitt des Dampfzuleitungsrohres (Abb. 5)

$$F_0 = G \cdot \frac{v_0}{C_0} \text{ in m}^2, \tag{2}$$

worin C_0 die Rohrgeschwindigkeit in m/s ist. Das dem Anfangszustand des Frischdampfes, $p_0 = 15$ ata, $t_0 = 350^0$, entsprechende spezifische

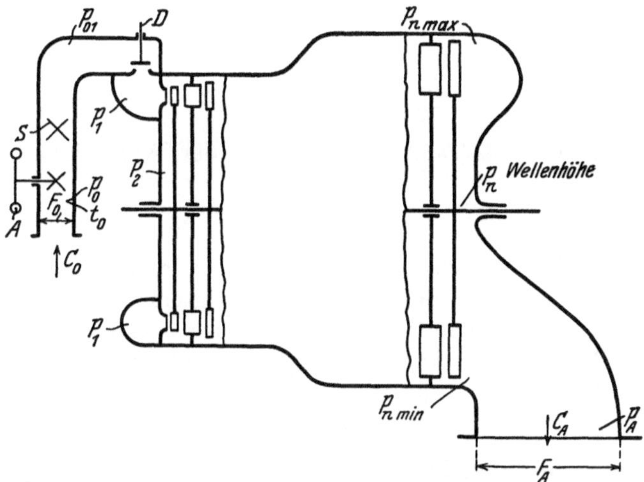

Abb. 5. Schema einer Einstromturbine.

Dampfvolumen ist nach der Zustandsgleichung $v_0 = 0{,}191$ m³/kg. Damit wird das Anfangsvolumen

$$V_0 = 12{,}725 \cdot 0{,}191 = 2{,}43 \text{ m}^3/\text{s}$$

und

$$F_0 = \frac{2{,}43}{C_0}. \tag{2a}$$

In Zahlentafel 2 ist F_0 für verschiedene Werte von C_0 berechnet.

Zahlentafel 2.

C_0	m/s	20	30	40	50	60	Angenommen
F_0	m²	0,1215	0,081	0,06075	0,0486	0,0405	$= V_0 : C_0$ [Gl. (2a)]
d_0	m	0,3933	0,321	0,278	0,249	0,227	$= 2 \cdot \sqrt{F^2 \pi}$

Man pflegt bei Kondensationsturbinen C_0 zwischen 20 und 40 m/s zu wählen. Gewählt werde ein Dampfzuleitungsdurchmesser $d_0 = 0{,}3$ m, womit sich $F_0 = 0{,}07086$ m² und $C_0 = 34{,}4$ m/s ergibt.

1d. Abdampfstutzen.

Der Austrittsquerschnitt, durch den der Abdampf die Turbine verläßt (Abb. 5), ist

$$F_A = G \cdot \frac{v_A}{C_A}. \tag{3}$$

Hierin ist v_A das spezifische Dampfvolumen und C_A die Dampfgeschwindigkeit (Abflußgeschwindigkeit) im Querschnitt F_A. Schätzen wir den mechanischen Wirkungsgrad der Turbine $\eta_T \cong 0{,}985$ und vernachlässigen wir den Wärmeaustausch mit der Umgebung, so ist der innere Wirkungsgrad

$$\eta_i = \frac{\eta_e}{\eta_T} = \frac{0{,}80}{0{,}985} \cong 0{,}8122.$$

Damit wird nach der *is*-Tafel von Stodola der Wärmeinhalt in F_A (Abb. 3)

$$J_A = J_0 - \eta_i \cdot H' = 560{,}4 \text{ kC/kg}.$$

Nach der *is*-Tafel gehört zu $p_A = 0{,}05$ ata und $J_A = 560{,}4$ ein Dampfgehalt $x_A = 0{,}915$. Bei trocken gesättigtem Dampf, $x = 1{,}0$, ist bei 0,05 ata nach den Dampftabellen das spezifische Volumen $v''_A = 28{,}73$ m³/kg. Damit wird $v_A = v''_A \cdot x_A = 26{,}288$ m³/kg und das Endvolumen $V_A = G \cdot v_A = 335$ m³/s. In Zahlentafel 3 ist für verschiedene Werte von C_A der zugehörige Wert der kinetischen Energie $H_A = \frac{C_A^2}{8380}$, der Abflußverlust $\zeta_A = \frac{H_A}{H'}$ und der erforderliche Querschnitt F_A des Abdampfstutzens berechnet.

Zahlentafel 3.

C_A	m/s	80	100	120	140	160	Angenommen
F_A	m²	4,19	3,35	2,79	2,39	2,09	$= V_A : C_A$ $[V_A = 335$ m³/s$]$
H_A	kC/kg	0,764	1,194	1,720	2,34	3,06	$= C_A^2 : 8380$
ζ_A	%	0,325	0,508	0,732	0,995	1,30	$= H_A : H'$ $[H' = 234{,}7$ kC/kg$]$

C_A ist nach Möglichkeit so zu wählen, daß $\zeta_A < 1\%$ ist; im vorliegenden Falle müßte also $H_A < 2{,}35$ kC/kg, $C_A < 140$ m/s und $F_A > 2{,}4$ m² sein. Nach Stodola[1] führt man $C_A = 80$ bis 120 (Notfälle 150) m/s aus. Es werde gewählt $F_A = 1{,}7 \cdot 1{,}7 = 2{,}89$ m². Damit wird $C_A = \frac{335}{2{,}89} = 116$ m/s, $H_A = 1{,}6$ kC/kg und $\zeta_A = 0{,}68\%$.

Streng genommen ist der Wärmeinhalt in F_A nicht $= J_A$, sondern wegen der in F_A herrschenden Dampfgeschwindigkeit C_A um H_A kleiner. Damit ergeben sich für v_A und C_A etwas andere Werte. Der Unterschied ist jedoch so gering, daß er vernachlässigt werden kann.

[1] L. 13, S. 440.

1e. Unterteilung des Wärmegefälles.

Wollte man die Turbine nur mit einem einzigen einkränzigen Rade ausführen, so müßte die Umfangsgeschwindigkeit des Rades $u \geqq \sqrt{\Sigma(u^2)} \cong 650$ m/s sein, was einem Raddurchmesser $d > 4$ m entspräche. Da ein solches Rad zur Zeit aus Festigkeitsgründen unausführbar ist und außerdem noch andere Nachteile hat, müssen wir das Gefälle in mehrere Teile (Druckstufen) aufteilen. Bei Verwendung von Rädern gleichen Durchmessers ergäbe sich:

bei Stufenzahl	2	3	4	5	6	7	
für eine Stufe u^2	215000	143000	107500	86000	71400	61500	m²/s²
für eine Stufe u	465	378	328	293	268	248	m/s
Durchmesser d	2,96	2,41	2,09	1,86	1,71	1,58	m

Die Turbine ist also auf jeden Fall mehrstufig auszuführen. Da der Druck von Stufe zu Stufe sinkt, wächst das Durchsatzvolumen V und erreicht den Höchstwert am Ende der letzten Stufe. Im Rechnungsbeispiel ist das Anfangsvolumen $V_0 = 2{,}43$ m³/s, das Endvolumen aber $V_A = 335$ m³/s, d. h. etwa 138mal so groß. Daraus geht hervor, daß die erste Stufe kleine, die letzte Stufe aber große Düsenquerschnitte und Schaufellängen erhalten muß. Die praktisch ausführbaren Schaufellängen haben aber eine obere und untere Grenze. Deshalb ist es zweckmäßig, zuerst die Abmessungen der ersten und letzten Stufe und erst nachher die der Zwischenstufen zu berechnen.

Das Vorgehen bei der Berechnung der Raddurchmesser und Schaufellängen ist verschieden, je nachdem, ob es sich um Gleichdruck- oder Überdruckturbinen handelt; die Untersuchung muß also für jede der beiden Bauarten besonders durchgeführt werden.

B. Axiale Gleichdruckstufen.

2a. Wirkungsweise.

In Abb. 6 ist Düse und Laufschaufel einer beliebigen einkränzigen Gleichdruckstufe (A-Stufe), in Abb. 7 der Geschwindigkeitsplan und in Abb. 8 das zugehörige *is*-Diagramm wiedergegeben. In Abb. 6 sind die Stellen, an denen der Dampf die im Geschwindigkeitsplan eingetragenen Geschwindigkeiten hat, durch Punkte gekennzeichnet. Der Dampf tritt mit dem Druck p_1, der Temperatur t_1 und der Geschwindigkeit c_0 ($= c_3$ der vorhergehenden Stufe) in die Düsen ein; die entsprechende kinetische Energie in Wärmemaß ist $h_0 = c_0^2 \cdot \frac{A}{2g} = \frac{c_0^2}{8380}$. In den Düsen expandiert der Dampf auf den Stufengegendruck p_2; bei verlustfreier Expansion ist der Wärmeinhalt am Ende der Expansion $= i_{c'}$, das Expansionsgefälle $h_\varepsilon = i_1 - i_{c'}$, und die verfügbare Energie

$h'_c = h_0 + h_s$. Durch die Expansion würde der Dampf bei verlustfreier Strömung von c_0 auf die „theoretische" Geschwindigkeit $c' = 91{,}53 \cdot \sqrt{h_{c'}}$ beschleunigt werden. In Wirklichkeit ist die Expansion nicht verlustfrei, vielmehr treten beim Strömen des Dampfes durch die Düsen und den Spalt zwischen Düsen und Schaufeln Verluste auf, und zwar ein Teil bei sinkendem Druck auf dem Wege vom Eintritt bis zum allseitig umschlossenen Austrittsquerschnitt $f_2 = b_d \cdot L_d$ (Abb. 6) und der Rest bei gleichbleibendem Druck auf dem Wege von f_2 bis zum Auftreffen auf die Laufschaufeln. Da die Verluste im zweiten Teil aber bei weitem überwiegen, soll zur Vereinfachung der Berechnung so gerechnet werden, wie wenn die Strömung im ersten Teil bis f_2 verlustfrei wäre und die gesamten Düsenverluste erst im Schrägabschnitt und im Spalt aufträten. Dann ist im Querschnitt f_2 die Geschwindigkeit $= c'$. Der Austrittswinkel der Düsen werde mit α_2 bezeichnet, der Winkel des die Düsen verlassenden Dampfstrahls mit α_{c1}. Wenn keine Strahlablenkung[1] auftritt, ist $\alpha_{c1} = \alpha_2$. Am Eintritt in die Laufschaufeln ist die Dampfgeschwindigkeit wegen der Strömungsverluste in den Düsen und im Spalt kleiner als c', und zwar $= c_1 = \varphi_1 \cdot c'$. Aus c_1, α_{c1}

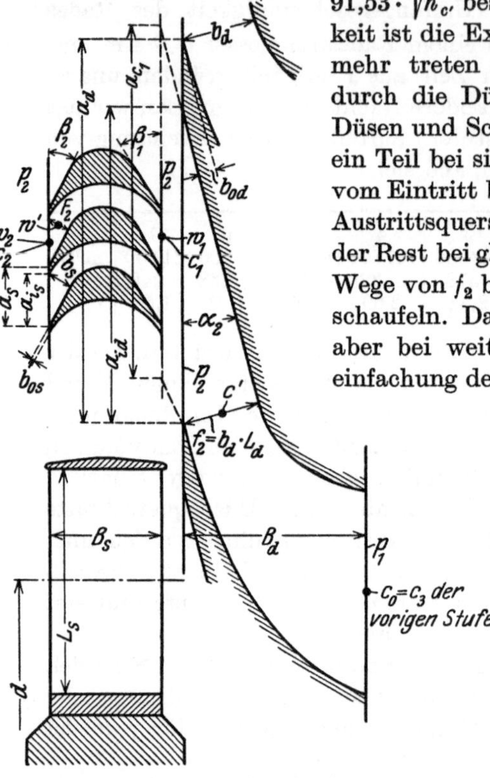

Abb. 6. Gleichdruckstufe.

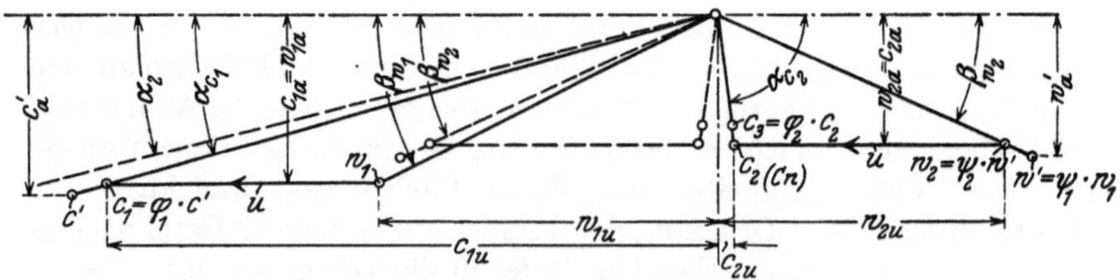

Abb. 7. Geschwindigkeitsplan einer Gleichdruckstufe.

und der Umfangsgeschwindigkeit u ergibt sich die relative Eintrittsgeschwindigkeit w_1 und ihre Richtung β_{w1}. Wenn β_{w1} = dem Eintritts-

[1] S. 49.

winkel β_1 der Laufschaufeln ist, wird der Eintritt als „stoßfrei" bezeichnet. Beim Durchströmen des Laufschaufelkanales entstehen ebenfalls Verluste, und zwar ein Teil auf dem Wege vom Eintritt bis zum allseitig umschlossenen Austrittsquerschnitt $F_2 = b_s \cdot L_s$ und der Rest im Schrägabschnitt auf dem Wege von F_2 bis zum Verlassen des Schaufelkanales. Infolgedessen ist die relative Geschwindigkeit von w_1 am Eintritt auf $w' = \psi_1 \cdot w_1$ in F_2 und beim Austritt aus dem Schaufelkanal von w' auf $w_2 = \psi_2 \cdot w' = \psi \cdot w_1$ gesunken. Der Winkel der relativen Austrittsgeschwindigkeit w_2 werde mit β_{w2} bezeichnet. Wenn keine Strahlablenkung auftritt, ist $\beta_{w2} =$ dem Austrittswinkel β_2 der Laufschaufeln. Aus β_{w2}, w_2 und u ergibt sich die absolute Austrittsgeschwindigkeit c_2 und ihre Richtung α_{c2}. Bei der letzten Stufe soll die Auslaßgeschwindigkeit auch mit C_n statt c_2 bezeichnet werden. Im Spalt zwischen Laufschaufelaustritt und Eintritt in die Düsen der darauffolgenden Stufe verringert sich c_2 wegen der Strömungsverluste im Spalt auf $c_3 = \varphi_2 \cdot c_2$. Mit c_3 tritt der Dampf in die Düsen der folgenden Stufe ein, in der sich derselbe Vorgang abspielt. Derartige Stufen werden als **Gleichdruckstufen** bezeichnet, weil der Druck auf beiden Seiten des Laufrades gleich ist.

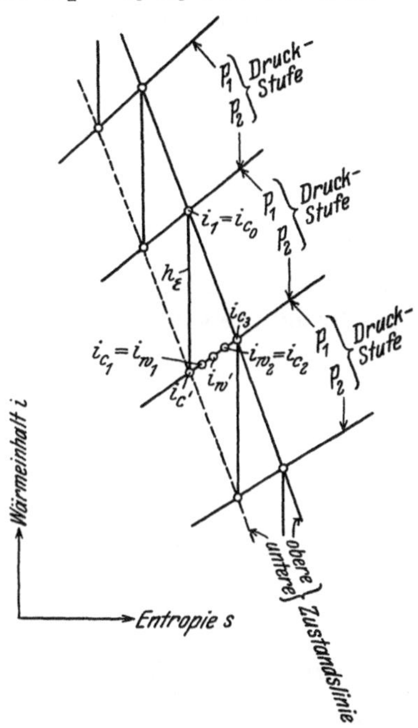

Abb. 8. *is*-Diagramm einer Gleichdruckstufe.

Beim Aufzeichnen des Geschwindigkeitsplanes pflegt man das Auslaßdreieck um 180° auf die Seite des Einlaßdreieckes zu klappen, wie es in Abb. 7 durch das gestrichelte Auslaßdreieck angedeutet ist. Diese Darstellung hat den Vorteil, daß man sofort erkennt, ob der Austrittswinkel $\beta_{w2} \gtreqless \beta_{w1}$ ist.

Gleichdruckstufen mit Geschwindigkeitsabstufung werden später behandelt.

2b. Der Wirkungsgrad.

Die inneren Verluste z_i in einer Gleichdruckstufe bestehen, abgesehen von Undichtheit, Radreibung und Wärmeaustausch mit der Umgebung, aus den Strömungsverlusten in den Düsen (Düsenverlusten) $\frac{c'^2 - c_1^2}{2 \cdot g}$, den Strömungsverlusten in den Laufschaufeln (Schaufelverlusten)

$\frac{w_1^2 - w_2^2}{2 \cdot g}$ und dem Auslaßverlust $\frac{c_2^2}{2 \cdot g}$. Es besteht demnach die Beziehung

$$z_i = \frac{(c'^2 - c_1^2) + (w_1^2 - w_2^2) + c_2^2}{2 \cdot g}. \tag{4}$$

Hieraus ergibt sich die an das Rad abgegebene Nutzenergie

$$\frac{c'^2}{2g} - z_i = \frac{c_1^2 - (w_1^2 - w_2^2) - c_2^2}{2 \cdot g} \tag{5}$$

und der Wirkungsgrad bezogen auf die verfügbare Energie

$$\eta' = \frac{c_1^2 - (w_1^2 - w_2^2) - c_2^2}{c'^2}. \tag{6}$$

Setzt man für die Geschwindigkeiten die Absolutwerte ein, so ist, wenn, wie in Abb. 7, die Umfangskomponente c_{2u} von c_2 zur Umfangsgeschwindigkeit u entgegengesetzt gerichtet ist,

$$\eta' = \frac{2 \cdot u \cdot (c_{1u} + c_{2u})}{c'^2} \tag{7}$$

und, wenn c_{2u} mit u gleichgerichtet ist,

$$\eta' = \frac{2 \cdot u \cdot (c_{1u} - c_{2u})}{c'^2}. \tag{7a}$$

In beiden Fällen ist, da w_{2u} stets entgegengerichtet zu u ist,

$$\eta' = \frac{2 \cdot u \cdot (w_{1u} + w_{2u})}{c'^2} = \frac{2 \cdot u \cdot \Sigma w_u}{c'^2}. \tag{7b}$$

Bezieht man den Wirkungsgrad auf die Expansionsenergie h_ε, so ist, wenn man $c_\varepsilon^2 = \frac{2 \cdot g \cdot h_\varepsilon}{A}$ setzt,

$$\eta_\varepsilon = \frac{2 \cdot u \cdot (w_{1u} + w_{2u})}{c_\varepsilon^2}. \tag{8}$$

Wenn $\beta_1 = \beta_{w1} = \beta_2 = \beta_{w2}$ und $\alpha_2 = \alpha_{c1}$ ist, wird

$$\eta' = \frac{2 \cdot u \cdot (1 + \psi) \cdot (\varphi_1 \cdot c' \cdot \cos \alpha_2 - u)}{c'^2} \tag{9}$$

und, wenn man $\frac{u}{c'} = \nu'$ setzt,

$$\eta' = 2 \cdot \nu' \cdot (1 + \psi) \cdot (\varphi_1 \cdot \cos \alpha_2 - \nu'). \tag{10}$$

Aus Gl. (9) geht hervor, daß $\eta' = 0$ wird, einmal wenn $u = 0$ ist, ferner wenn $u = \varphi_1 \cdot c' \cdot \cos \alpha_2$ ist. Wird $u > \varphi_1 \cdot c' \cdot \cos \alpha_2$ oder $c' < \frac{u}{\varphi_1 \cdot \cos \alpha_2}$, so wird η' negativ, d. h. wenn das Stufengefälle einer Stufe mit gegebenem u einen bestimmten Mindestwert unterschreitet, wird die Stufenleistung negativ.

Trägt man unter Annahme von Zahlenwerten für φ_1, ψ und α_2 den Wirkungsgrad η' abhängig von ν' auf, so ergibt sich eine parabolische Kurve, Abb. 9, die einen Höchstwert η'_m bei $\nu' = \nu'_m = 0{,}5 \cdot \varphi_1 \cdot \cos \alpha_2$

hat; der Höchstwert ist

$$\eta'_m = 0{,}5 \cdot (1 + \psi) \cdot \varphi_1^2 \cdot \cos^2 \alpha_2 \,. \tag{11}$$

In Abb. 9 ist η' und $\frac{\eta'}{\nu'}$ abhängig von ν' bei $\psi = 0{,}85$ und $\varphi_1 \cdot \cos \alpha_2 = 0{,}9$ aufgetragen.

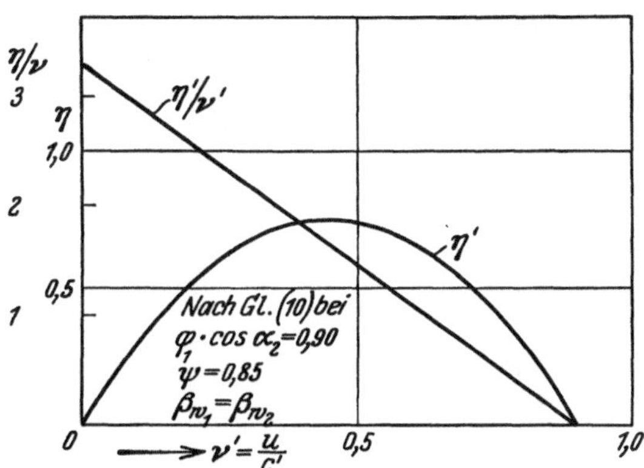

Abb. 9. Wirkungsgrad einer Gleichdruckstufe.

Trägt man η_ε nach Gl. (8) abhängig von $\nu_\varepsilon = \frac{u}{c_\varepsilon}$ auf, so ergibt sich eine parabolische Kurve ähnlich wie in Abb. 9; jedoch ist der Höchstwert $\eta_{\varepsilon m}$ und der zugehörige Wert $\nu_{\varepsilon m}$ größer als in Abb. 9.

Eine ähnliche Rolle wie ν' bei einer Einzelstufe spielt bei einer mehrstufigen Turbine die hydraulische Kennzahl ν*; die Auftragung des Turbinenwirkungsgrades η_e abhängig von ν ergibt ebenfalls eine parabolische Kurve mit einem Höchstwert (Abb. 4).

Wäre die Strömung verlustfrei, also $c_1 = c'$, $w_1 = w_2$ und $c_3 = c_2$, so ergäbe sich aus Gl. (6)

$$\eta' = 1 - \frac{c_2^2}{c'^2} \,. \tag{6a}$$

Der einzige Verlust einer derartigen Stufe wäre der Auslaßverlust $\zeta_2 = \frac{c_2^2}{c'^2}$; bei einer Turbine, die aus einer Anzahl derartiger Stufen bestände, würde die Auslaßgeschwindigkeit jeder Stufe mit Ausnahme der letzten in der folgenden Stufe vollständig ausgenützt werden, so daß überhaupt nur der Auslaßverlust der letzten Stufe als Verlust zu buchen und der Wirkungsgrad unabhängig von ν wäre.

Bei einer Turbine mit Strömungsverlusten kommen diese zum Auslaßverlust ζ_n der letzten Stufe noch hinzu. Je größer ζ_n ist, um so niedriger ist der Wirkungsgrad der Turbine[1]. Da ζ_n von den Abmessungen der letzten Stufe abhängig ist, soll diese zuerst untersucht werden.

3. Berechnung der Stufeneinteilung.

a) Die letzte Stufe.

Je kleiner wir die Auslaßgeschwindigkeit C_n aus dem letzten Rade wählen, um so geringer ist der Auslaßverlust ζ_n und um so besser ist

* S. 5.

[1] In Gl. (1) ist der Auslaßverlust nicht enthalten; bei den der Formel zugrunde gelegten Versuchen betrug er etwa 1 bis 2% von H'.

der Wirkungsgrad der Turbine, um so größer muß dann aber auch der Durchmesser d der letzten Stufe werden. Wir wollen deshalb zunächst den Zusammenhang zwischen ζ_n und d behandeln.

Der Dampfdruck p_n am Austritt aus dem letzten Laufkranz ist an jeder Stelle des Umfanges verschieden, aber überall größer als der Druck p_A am Ende des Abdampfstutzens, Abb. 5. Etwa an der höchsten Stelle des Abdampfraumes ist p_n am höchsten ($p_{n_{\max}}$), an der tiefsten Stelle am niedrigsten ($p_{n_{\min}}$). Infolgedessen hat auch die Geschwindigkeit c' der letzten Stufe an allen Stellen des Umfanges verschiedene Werte. Außerdem ist bei langen Schaufeln die Umfangsgeschwindigkeit u am Schaufelende wesentlich größer als am Schaufelfuß. Daraus ergibt sich, daß die Relativgeschwindigkeiten w_1, w' und w_2 und demzufolge auch C_n, α_{C_n} und die Wärmeinhalte an allen Stellen des Umfangs sehr verschiedene Werte haben. Für die Bestimmung des Raddurchmessers genügt es aber, wenn wir mit den Mittelwerten rechnen. Als Mittelwert wollen wir für u die Umfangsgeschwindigkeit in Schaufelmitte und für p_n den Druck wählen, der am Austritt aus dem letzten Laufkranz etwa in Wellenhöhe (Abb. 5) herrscht. Die Zustandsänderung des Abdampfes ist in Abb. 10 wiedergegeben; in der Abbildung ist eingetragen der mittlere Wärmeinhalt $i_{c'}$ im Düsenquerschnitt f_2, $i_{c1} = i_{w1} = i_{c'} + (h_{c'} - h_{c1})$ beim Auftreffen auf die Laufschaufeln, $i_{w'} = i_{w1} + (h_{w1} - h_{w'})$ im Schaufelendquerschnitt F_2, $i_{w2} = J_{Cn} = i_{w'} + (h_{w'} - h_{w2})$ beim Verlassen der Laufschaufeln.

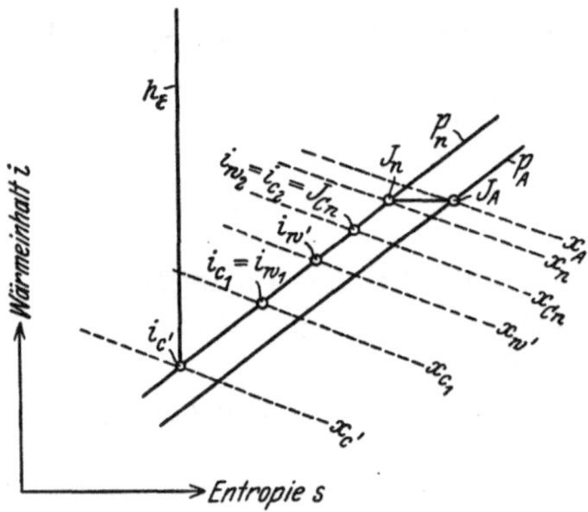

Abb. 10. Zustandsänderung des Abdampfes.

Wir wollen annehmen, daß C_n im Abdampfraum $= 0$ wird und sich bei gleichbleibendem Druck in Wärme umsetzt; dann ist der Wärmeinhalt im Abdampfraum $J_n = J_{Cn} + H_{Cn}$. Vom Abdampfraum expandiere der Dampf im Abdampfstutzen auf den Abdampfdruck p_A; die hierdurch entstehende Geschwindigkeit C_A soll nach Verlassen des Abdampfstutzens sofort wieder verlorengehen, d. h. die Strömung aus dem Abdampfraum in den Kondensator soll als Drosselung angesehen werden. Demgemäß ist der Endzustand des Abdampfes $J_A \cong J_n$.

Der Druckabfall $(p_n - p_A) : p_A$ hängt von der Dampfführung vom letzten Laufkranz bis zum Austrittsquerschnitt F_A des Abdampfstutzens, von der Auslaßgeschwindigkeit C_n und von der in F_A herrschenden Abflußgeschwindigkeit C_A ab und kann durch die Näherungsgleichung

$$\frac{p_n - p_A}{p_A} \cong \lambda_A \cdot \left(\frac{C_A}{100}\right)^2 \tag{12}$$

wiedergegeben werden. Diese Gleichung ist nur dann genügend genau, wenn, wie es wohl stets der Fall ist, C_A wesentlich kleiner als die zugehörige Schallgeschwindigkeit ist. λ_A ist der Druckabfall bei $C_A = 100$ m/s und kann näherungsweise $\cong 0{,}07$ bis 0,10 gesetzt werden.

Mit $C_A = 116$ m/s und $\lambda_A = 0{,}074$ ergibt sich

$$p_n - p_A = 0{,}05 \cdot 0{,}074 \cdot 1{,}16^2 = 0{,}005 \text{ ata}$$

und

$$p_n = 0{,}055 \text{ ata}\,.$$

Man kann die Auslaßgeschwindigkeit C_n zum Teil dadurch nutzbar machen, daß man den Querschnitt der Dampfführung vom Austritt aus dem letzten Laufkranz bis zum Abdampfstutzen allmählich und stetig vergrößert. Diese diffusorartige Ausbildung des Abdampfraumes[1] hat den Zweck, den Druck p_n hinter dem letzten Laufrad zu erniedrigen und dadurch den Wert λ_A in Gl. (12) zu verringern. Von dieser Möglichkeit soll jedoch im Rechnungsbeispiel abgesehen werden.

Der zu p_n gehörige spezifische Dampfgehalt x_n ist etwas kleiner als x_A; da aber der Unterschied nur gering ist, soll vorläufig $x_n \cong x_A \cong 0{,}915$ gesetzt werden. Bei $p_n = 0{,}055$ ata und $x = 1{,}0$ ist nach den Dampftabellen $v_n'' = 26{,}25$ m³/kg. Damit wird $v_n = v_n'' \cdot x_n \cong 24{,}02\,\text{m}^3/\text{kg}$ und das mittlere Durchsatzvolumen im Abdampfraum $V_n \cong 12{,}725 \cdot 24{,}02 \approx 307$ m³/s.

Das spezifische Volumen in F_2 ist $v_{w'} = v_n'' \cdot x_{w'} = v_n \cdot \frac{x_{w'}}{x_n}$. Nach der Kontinuitätsgleichung ist

$$G \cdot v_{w'} = G \cdot v_n \frac{x_{w'}}{x_n} = V_n \cdot \frac{x_{w'}}{x_n} = \sum (F_2) \cdot \frac{w_2}{\psi_2} = \frac{w_2 \cdot d \cdot \pi \cdot L_s \cdot \sin\beta_2}{e_s \cdot \psi_2}\,.$$

Hierin ist e_s die Verengungszahl a_s/a_{is} (Abb. 6). Mit

$$\frac{w_2}{C_n} = \frac{\sin\alpha_{C_n}}{\sin\beta_2}$$

wird

$$C_n = \frac{V_n}{d \cdot \pi \cdot L_s} \cdot \frac{e_s \cdot \psi_2 \cdot \frac{x_{w'}}{x_n}}{\sin\alpha_{C_n}}\,. \tag{13}$$

Die Verengungszahl e_s ergibt sich aus der Konstruktion des Schaufelprofils und liegt beim letzten Laufkranz in der Gegend von 1,05 bis 1,10. Die Richtung α_{C_n} der Auslaßgeschwindigkeit weicht bei der Nennleistung meist nur wenig von der Axialrichtung ab; $\sin\alpha_{C_n}$ liegt dem-

[1] L. 11, S. 53, Abb. 54a und L. 13, S. 440.

nach in der Gegend von etwa 0,95 bis 1,0. Schätzungsweise ist $\psi_2 \cong 0{,}92$ bis 0,94. Das Verhältnis $x_{w'}/x_n$ ist etwas kleiner als 1,0. Damit wird

$$\frac{x_{w'}}{x_n} \cdot e_s \cdot \frac{\psi_2}{\sin \alpha_{C_n}} \cong 0{,}96 \text{ bis } 1{,}08\,,$$

wofür wir im Mittel $\sim 1{,}0$ setzen wollen; damit erhalten wir

$$C_n \cong \frac{V_n}{d \cdot \pi \cdot L_s} \cong \frac{V_n}{F'_a}\,. \tag{14}$$

Die mittlere Auslaßgeschwindigkeit C_n ist demnach angenähert so groß, wie wenn der Dampf die letzte Laufschaufelreihe als axial gerichteter, lückenloser Strahl verließe. $F'_a = d \cdot \pi \cdot L_s$ ist der axiale Austrittsquerschnitt der Laufschaufeln bei einer Stegdicke $b_{0s} = 0$ und soll als „axialer Vollquerschnitt" bezeichnet werden. Zwischen diesem und dem wirklichen Austrittsquerschnitt $\sum(F_2)$ besteht die Beziehung

$$F'_a = e_s \cdot \frac{\Sigma(F_2)}{\sin \beta_2} = e_s \cdot \sum(F_{2a})\,. \tag{15}$$

Nimmt man für den Auslaßverlust einen bestimmten Wert ζ_n an, so erhält man $H_n = \zeta_n \cdot H'$, $C_n = 91{,}35 \cdot \sqrt{H_n}$ und

$$F'_a = \frac{V_n}{C_n}\,. \tag{16}$$

Hieraus ergibt sich

$$d = \frac{F'_a}{\pi \cdot L_s} \tag{17}$$

und, wenn wir $L_s = \frac{d}{\delta_s}$ setzen,

$$d = \sqrt{F'_a \cdot \frac{\delta_s}{\pi}}\,. \tag{18}$$

Beim Einsetzen von Zahlenwerten in Gl. (14) bis (18) ist zu beachten, daß es für d, L_s, δ_s und C_n Grenzwerte gibt, über die man nicht hinausgehen sollte. Über die letzte Stufe neuerer großer Dampfturbinen hat Baumann[1] Angaben veröffentlicht, nach denen man bei Turbinen von 20000 bis 40000 kW mit $n = 3000$ Laufraddurchmesser von 1,7 bis 1,9 m ausgeführt hat. Das Verhältnis δ_s der meisten dieser Turbinen liegt zwischen 4,0 und 4,5 und vereinzelt unter 4,0 bis hinab auf 3,35.

Wie bereits oben erwähnt, wird der Wirkungsgrad der Turbine durch den Auslaßverlust ζ_n beeinflußt. Deshalb sollte ζ_n einen bestimmten Wert, etwa 1 bis 2%, nicht überschreiten. Zuweilen geht man aber auch über diese Grenze hinaus[2].

---

[1] L. 3, S. 810, Zahlentafel 6. [2] S. 20.

Im Rechnungsbeispiel wollen wir $\delta_s = 4{,}5$ und $\zeta_n = 1{,}5\%$ setzen. Damit wird der Auslaßverlust $H_n = 0{,}015 \cdot H' = 3{,}52$ kC/kg und die Auslaßgeschwindigkeit $C_n = 91{,}53 \cdot \sqrt{H_n} = 172$ m/s. Setzt man diese Werte in Gl. (16) ein, so erhält man

$$F'_a = \frac{307}{172} = 1{,}785\,\mathrm{m}^2\,, \qquad d = \sqrt{1{,}785 \cdot \frac{4{,}5}{3{,}14}} \cong 1{,}6\,\mathrm{m}$$

und $u = 251{,}3$ m/s.

Außerdem ist noch, besonders bei Turbinen kleinerer Leistung, darauf zu achten, daß der Düsenstrahlwinkel α_{c1} nicht zu klein wird. Wie wir später sehen werden, ist es bei Gleichdruck zweckmäßig, den Laufschaufelaustrittswinkel β_2 der letzten Stufe derart zu wählen, daß die Axialkomponenten von w_1 und w' ungefähr gleich werden. Dann ist $w'_a \cong w_{1a} \cong \frac{w_{2a}}{\psi_2}$ und (Abb. 7)

$$\sin \alpha_{c1} = \frac{w_{1a}}{c_1} \cong \frac{w_{2a}}{\varphi_1 \cdot \psi_2 \cdot c'} = \frac{C_n \cdot \sin \alpha_{C_n}}{\varphi_1 \cdot \psi_2 \cdot c'}\,. \tag{19}$$

Zur Berechnung von c' ist die Kenntnis der Stufenkennzahl $\nu' = \frac{u}{c'}$ erforderlich. Bei der letzten Stufe ist ν' in der Regel kleiner als die Turbinenkennzahl ν, die wir $= 0{,}468$ gewählt hatten. Wir wollen also annehmen, daß ν' etwa zwischen 0,40 und 0,45 liegt. Hieraus ergibt sich c' etwa $= 560$ bis 630 m/s. Die Auslaßgeschwindigkeit C_n weicht meist nicht viel von der Axialrichtung ab; wir wollen, wie oben, annehmen, daß $\sin\alpha_{C_n}$ zwischen 0,95 und 1,0 liegt. Schätzen wir $\varphi_1 \cdot \psi_2 \cong 0{,}875$, so erhalten wir nach Gl. (19)

$$\sin \alpha_{c1} \cong 0{,}295 \text{ bis } 0{,}35\,,$$

entsprechend

$$\operatorname{tg} \alpha_{c1} \cong 0{,}30 \text{ bis } 0{,}375\,,$$

und

$$\alpha_{c1} \cong 17 \text{ bis } 20{,}5^0\,.$$

Ein solcher Winkel liegt über dem niedrigstzulässigen Wert, selbst wenn man berücksichtigt, daß α_{c1} bei der letzten Stufe in der Regel größer als bei den vorhergehenden Stufen ist.

Somit haben wir gefunden, daß der Durchmesser $d = 1{,}6$ m alle Bedingungen erfüllt. Damit ist auch die Schaufellänge $L_s \cong \frac{1{,}6}{4{,}5} \cong 0{,}35$ m näherungsweise festgelegt. Der genaue Wert von L_s ergibt sich erst bei der späteren Durchrechnung der letzten Stufe.

Es ist lehrreich zu untersuchen, wie sich d bei Veränderung von δ_s und ζ_n ändert. Die Rechnung ist in Zahlentafel 4, Reihe (1) bis (13), für $\delta_s = 3$ bis 10 und $\zeta_n = 0{,}5$ bis 3% durchgeführt.

Zahlentafel 4.

①	ζ_n	%	0,5	1,0	1,5	2,0	2,5	3,0	Angenommen
②	H_n	kC/kg	1,1735	2,347	3,520	4,694	5,867	7,041	= ①·H'
③	C_n	m/s	99,2	140,2	171,7	198,3	221,7	243,0	= 91,53·$\sqrt{②}$
④	F'_a	m^2	3,09	2,19	1,785	1,55	1,385	1,262	= V_n : ③ bei $V_n = 307$ m^3/s
⑤	$\sqrt{F'_a : \pi}$	m	0,9925	0,834	0,754	0,702	0,663	0,634	= $\sqrt{④ : \pi}$
⑥	$d =$	m	1,72	1,445	1,306	1,216	1,150	1,099	= ⑤ · $\sqrt{\delta_s}$ bei $\delta_s = 3$
⑦	=	„	1,985	1,668	1,508	1,404	1,326	1,268	= 4
⑧	=	„	2,22	1,864	1,685	1,57	1,482	1,417	= 5
⑨	=	„	2,433	2,043	1,847	1,72	1,625	1,554	= 6
⑩	=	„	2,626	2,205	1,995	1,858	1,753	1,677	= 7
⑪	=	„	2,806	2,36	2,135	1,985	1,876	1,795	= 8
⑫	=	„	2,98	2,50	2,26	2,106	1,99	1,902	= 9
⑬	=	„	3,14	2,64	2,385	2,22	2,10	2,005	= 10
⑭	c'_{max}	m/s	397	561	687	793	887	972	= 4,0·③ nach Gl. (19a)
⑮	u_{max}	„	178,5	252,5	313,5	357	399	437,5	= ⑭·ν' } bei $\nu' = 0,45$
⑯	d_{max}	m	1,14	1,61	2,00	2,27	2,54	2,79	= ⑮ : 157 } bei $\nu' = 0,45$
⑰	u_{max}	m/s	159	224,5	275	317	359	389	= ⑭·ν' } bei $\nu' = 0,40$
⑱	d_{max}	m	1,01	1,43	1,75	2,02	2,29	2,48	= ⑰ : 157 } bei $\nu' = 0,40$
⑲	u_{max}	m/s	139	196,5	240,5	277,5	310,5	340	= ⑭·ν' } bei $\nu' = 0,35$
⑳	d_{max}	m	0,885	1,25	1,53	1,765	1,98	2,165	= ⑲ : 157 } bei $\nu' = 0,35$

Setzen wir in Gl. (19) $\varphi_1 \cdot \psi_2 \cong 0,875$, $\sin \alpha_{C_n} \cong 0,95$ und schätzen wir den für die letzte Stufe mindestzulässigen Wert $\sin \alpha_{c1} \cong 0,27$, so erhalten wir den mit Rücksicht auf den Düsenstrahlwinkel höchstzulässigen Wert von c'

$$c'_{max} \cong \frac{0,95 \cdot C_n}{0,875 \cdot 0,27} \cong 4 \cdot C_n . \qquad (19a)$$

Hieraus ergibt sich

$$u_{max} = \nu' \cdot c'_{max} \text{ und } d_{max} = \frac{60 \cdot u_{max}}{\pi \cdot n} .$$

In Reihe ⑭ bis ⑳ von Zahlentafel 4 ist d_{max} für $\nu' = 0,35$ bis 0,45 berechnet. Das Ergebnis dieser Zahlentafel ist in Abb. 11 aufgetragen. Wählt man für ν', ζ_n, d und δ_s die Grenzwerte, die man für zulässig hält, so kann man in Abb. 11 das für die Wahl von d in Frage kommende Gebiet abgrenzen. Nehmen wir beispielsweise als Grenzwerte $\nu' \leqq 0,45$, $d \leqq 1,8$ m, $\delta_s \geqq 4$ und $\zeta_n \leqq 2\%$ an, so erhalten wir das in Abb. 11 schraffierte Gebiet, innerhalb dessen der Raddurchmesser der letzten Stufe liegen muß. (Wenn wir für die Grenzwerte und die übrigen Zahlenwerte andere Annahmen machen, verschiebt sich natürlich das schraffierte Gebiet.) Der oben gefundene Wert $d = 1,6$ m bei $\delta_s = 4,5$ und

$\zeta_n = 1{,}5\%$ ist in Abb. 11 als Punkt P eingetragen. Er liegt innerhalb des schraffierten Gebietes und wäre selbst dann noch zulässig, wenn $\nu' \cong 0{,}36$ wäre. Aus Abb. 11 erkennt man auch, daß der Auslaßverlust ζ_n im vorliegenden Falle mindestens 1% betragen muß.

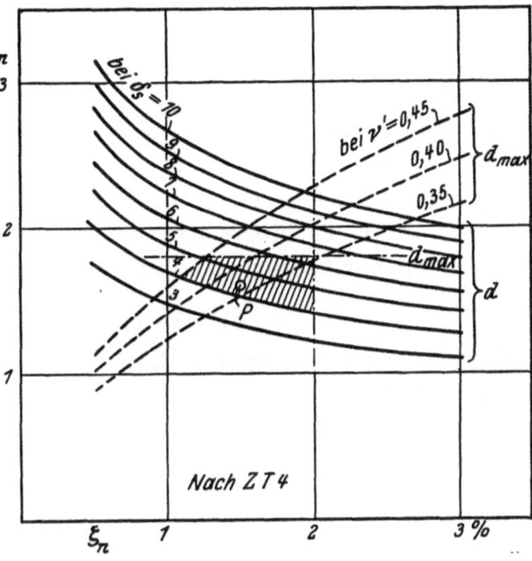

Abb. 11. Durchmesser der letzten Stufe.

Wenn das Abdampfvolumen so groß wird, daß der Auslaßverlust auch beim größtmöglichen Durchmesser und der größtmöglichen Schaufellänge unzulässig hoch wird, muß man die letzte Stufe zweiflutig machen, d. h. man ersetzt die letzte Stufe durch zwei einander parallel geschaltete Stufen. Vor der letzten Stufe teilt sich der Dampfstrom in zwei gleiche Teile, von denen jeder ein besonderes Rad beaufschlagt. Ist hierbei das Volumen vor der letzten Stufe so groß, daß der Querschnitt des Überströmrohrs übermäßig groß wird; so führt man nicht nur die letzte Stufe allein, sondern den ganzen Niederdruckteil zwei- oder nötigenfalls mehrflutig[1] aus. Dies führt dann in der Regel zur zwei- oder mehrgehäusigen Bauart.

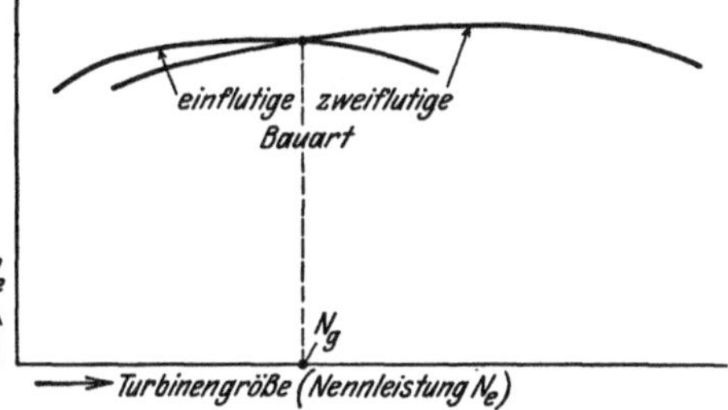

Abb. 12. Wirkungsgrad bei der Nennleistung.

Durch Mehrflutigkeit wird zwar der Auslaßverlust ζ_n verringert und ein Gewinn erzielt, dafür treten aber gegenüber der einflutigen Bauart zusätzliche Verluste auf. So ist der Leerlauf größer und in den Überströmrohren erleidet der Dampf einen Druckverlust. Hierdurch wird ein Teil des Gewinns wieder aufgezehrt. Bei sinkender Belastung werden Auslaßgeschwindigkeit C_n und Auslaßverlust ζ_n kleiner, so daß der Gewinn gegenüber der einflutigen Bauart immer kleiner und bei einer bestimmten Teillast schließlich negativ wird. Deshalb kann es bei Turbinen, die mit schwankender Belastung laufen,

[1] L. 11, S. 116ff.

vorteilhaft sein, bei voller Belastung einen größeren Auslaßverlust zuzulassen, um die Turbine einflutig ausführen zu können.

Die Grenzen, bei denen man zur zweiflutigen Bauart übergehen sollte, lassen sich nicht scharf ziehen. In der (unmaßstäblichen) Abb. 12 ist dargestellt, wie sich unter sonst gleichen Verhältnissen der Wirkungsgrad bei voller Belastung grundsätzlich mit der Maschinengröße ändert, wenn man die Turbinen ein- oder zweiflutig ausführt. Die Kurven überschneiden sich bei der Leistung N_g, die man als wirtschaftliche Grenzleistung bei einflutiger Bauart bezeichnen könnte. Ähnlich verhält es sich beim Übergang von der einflutigen zur mehrflutigen Bauart.

Je kleiner die Turbinenleistung oder (richtiger) das Endvolumen V_n ist, um so kleiner kann man ζ_n und um so größer δ_s wählen.

b) Die erste Stufe.

Allgemeine Gesichtspunkte. Nach Festsetzung des Durchmessers der letzten Stufe ist es zweckmäßig, den Durchmesser der ersten Stufe zu bestimmen.

Ein für dessen Wahl maßgebender Gesichtspunkt ist die Größe des Druckes p_2 in der ersten Radkammer. Je höher p_2 ist, um so größer ist die aus der vorderen Wellendichtung aus der Turbine austretende Leckdampfmenge[1]. Diese wird meist in den Kondensator abgesaugt und leistet nur in der ersten Stufe Arbeit. Je höher p_2 ist, um so kleiner ist das Gefälle h_1' der ersten Stufe und um so größer das Verlustgefälle $(H' - h_1')$ des Leckdampfes. Der hierdurch entstehende Energieverlust, das Produkt aus Leckdampfmenge und Verlustgefälle, wächst also rascher als die Leckdampfmenge. Naturgemäß ist der verhältnismäßige Einfluß der Undichtheit auf den Gesamtwirkungsgrad bei Turbinen kleiner Leistung wesentlich größer als bei solchen großer Leistung. Ferner fließt ein Teil des in die erste Radkammer eingetretenen Dampfes durch den ersten Zwischenboden unter Umgehung der Düsen der zweiten Stufe arbeitslos in die zweite Radkammer. Je größer diese Leckdampfmenge ist, um so schlechter ist der Wirkungsgrad der zweiten Stufe. Dies führt von selbst dazu, den Druck p_2 bei kleinen Turbinen niedriger als bei großen Turbinen zu wählen. Hierbei kommt es auf die Konstruktion der Dichtungen an. Je dichter man diese ausführen kann, um so höher kann man p_2 wählen. Fraglich ist dabei nur, ob sich die Dichtheit auch im Dauerbetrieb aufrechterhalten läßt. Wenn durch Abnützung der Labyrinthe die Undichtheit nach kurzer Betriebszeit stark vergrößert wird, muß man von vornherein mit der größeren Undichtheit rechnen.

Ein zweiter Gesichtspunkt für die Bemessung der ersten Stufe ist ihre Radreibung. Der Radreibungsverlust wird in den folgenden Stufen

[1] S. 38.

zum Teil wiedergewonnen. Dieser Rückgewinn ist um so größer, je kleiner das Gefälle der ersten Stufe, also je höher der Druck p_2 ist. Deshalb kann die Radreibung bei Turbinen großer Leistung in der Regel vernachlässigt werden. Außerdem ist die Radreibung bei teilweise beaufschlagten Rädern größer als bei voll beaufschlagten. Meistens braucht sie nur bei teilweise beaufschlagten Rädern berücksichtigt zu werden.

Ein dritter Gesichtspunkt für die Bemessung der ersten Stufe ist die Art der Regelung.

Einfluß der Regelung. Ist der Gesamtdüsenquerschnitt der ersten Stufe unveränderlich, so wird die Dampfmenge bei Belastungsänderungen durch einfache Drosselung geregelt, wie in Abb. 5 und 13 schematisch dargestellt ist. Der Druck p_0 vor dem Absperrventil A ist konstant angenommen. Der Druck p_{01} vor dem Drosselventil D ist wegen der Strömungsverluste in der Leitung, im Absperrventil und im Schnellschlußventil S kleiner als p_0; der Druckabfall $(p_0 - p_{01}) : p_0$ ist angenähert proportional dem Quadrat der Dampfgeschwindigkeit C_0. Der Druck p_1 vor dem ersten Leitrad ist der Dampfmenge angenähert proportional, ausgenommen bei kleiner Dampfmenge. Sobald das Drosselventil ganz offen ist, fließt die größtmögliche Dampfmenge (Schluckfähigkeit) durch die Turbine und p_1 ist fast gleich p_{01}; ein gewisser Druckunterschied ist aber wegen der Strömungsverluste im Drosselventil auch dann noch vorhanden. In der Regel wählt man die Düsenquerschnitte des ersten Leitrades derart, daß bei voller Belastung das Drosselventil noch drosselt, damit bei gelegentlichem Sinken von p_0 oder bei einer Verschlechterung des Vakuums infolge steigender Kühlwassertemperatur die Turbine noch ihre volle Leistung hergeben kann. Meistens reicht es aus, wenn bei voller Belastung und den der Garantie zugrunde gelegten Betriebsverhältnissen $p_1 \cong 0{,}9 \cdot p_0$ ist. Soll die Turbine gelegentlich überlastet werden können, so ist ein Überlastventil vorzusehen, das bei Überschreitung einer bestimmten Belastung vom Regler allmählich geöffnet wird und Frischdampf in irgendeine Radkammer eintreten läßt.

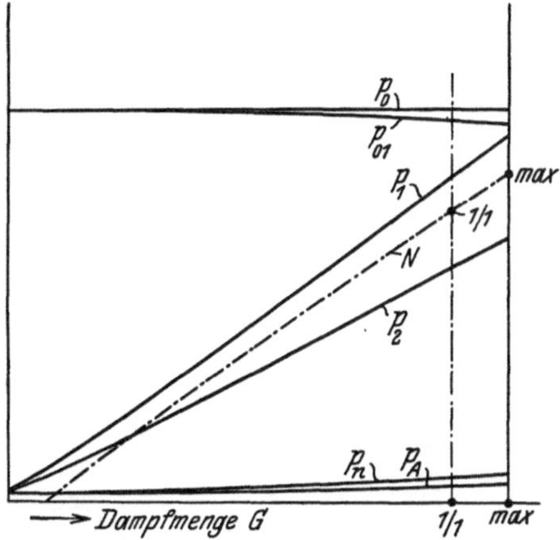

Abb. 13. Turbine mit Drosselregelung.

Die Drosselregelung hat den Nachteil, daß bei sinkender Belastung ein immer größer werdender Teil des Gesamtgefälles durch die Drosselung vernichtet wird; allerdings wird ein Teil dieser Verlustwärme in den folgenden Stufen wiedergewonnen.

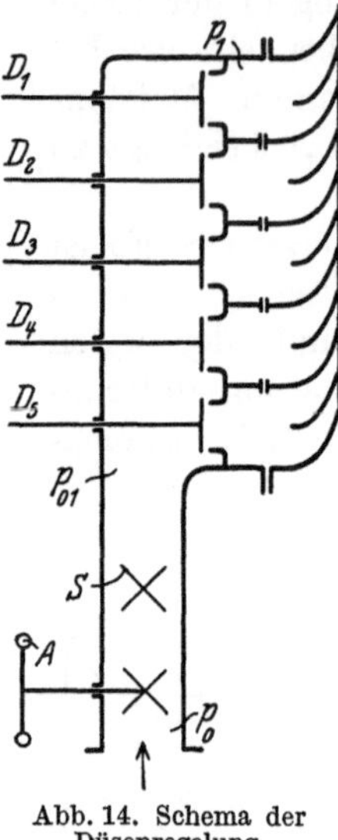

Abb. 14. Schema der Düsenregelung.

Bei der Düsenregelung (Mengenregelung, Füllungsregelung) sind mehrere Düsenventile vorhanden, die bei steigender Belastung nacheinander geöffnet werden und umgekehrt. Hinter jedem Ventil ist eine Düsengruppe angebracht. In diesem Falle arbeitet die erste Stufe, die man dann als Regelstufe bezeichnet, mit veränderlichem Beaufschlagungsgrad und Gefälle. In Abb. 14 ist eine solche Regelung schematisch dargestellt.

In Abb. 15 ist die Änderung von Druck und Leistung einer einstufigen Turbine mit Düsenregelung wiedergegeben. Es soll untersucht werden, wie sich die Verhältnisse gestalten, wenn die Dampfmenge von Null an steigt. Zuerst öffnet Düsenventil D_1 allmählich, wobei der Druck p_1 zwischen Ventil D_1 und den zugehörigen Düsen allmählich steigt. Die am Radumfang erzeugte Leistung N_1 wird zuerst negativ[1], geht dann wieder durch Null und steigt schließlich in ähnlicher Weise wie der Druck p_1. Dasselbe gilt von den anderen Düsenventilen. Bevor noch Ventil D_1 ganz offen und während p_1 noch kleiner als p_{01} ist, be-

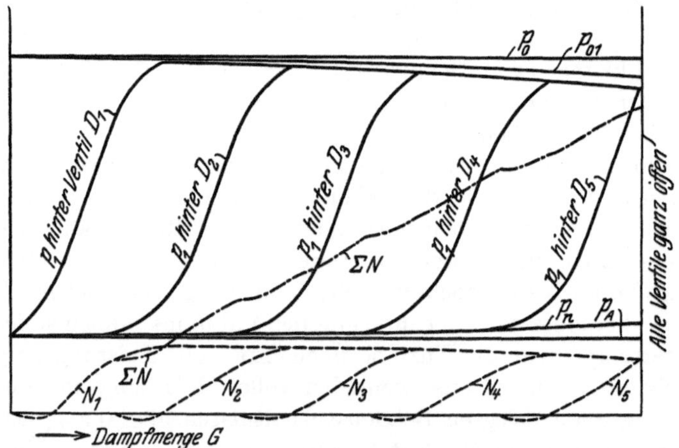

Abb. 15. Einstufige Turbine mit Düsenregelung.

ginnt bereits Ventil D_2 zu öffnen usw. Addiert man die einzelnen Leistungen $N_1 + N_2 + \cdots$, so ergibt sich eine wellenartige Kurve $\sum N$.

[1] Siehe S. 12.

Würde beispielsweise Ventil D_2 erst dann zu öffnen beginnen, wenn Ventil D_1 bereits ganz offen und der Druck p_1 hinter ihm fast gleich p_{01} geworden ist, so würde die Gesamtleistung $\sum N$ zunächst sinken und erst bei einer bestimmten Stellung des Ventils D_2 wieder zu steigen beginnen. Dies ist unzulässig, weil dann zu einer bestimmten Leistung der Turbine zwei Reglerstellungen gehören würden.

In Abb. 16 ist die Änderung der Drücke mit der Dampfmenge bei einer mehrstufigen Kondensationsturbine mit Düsenregelung dargestellt. Bei gleichbleibender Menge und Eintrittstemperatur des Kühlwassers steigen die Drücke p_A im Abdampfstutzen und p_n hinter dem letzten Rade mit der Dampfmenge. Der Druck p_2 in der ersten Radkammer ist der Dampfmenge angenähert proportional; die p_2-Kurve verläuft jedoch nicht stetig, wie in Abb. 16 gezeichnet, sondern wegen des mit der

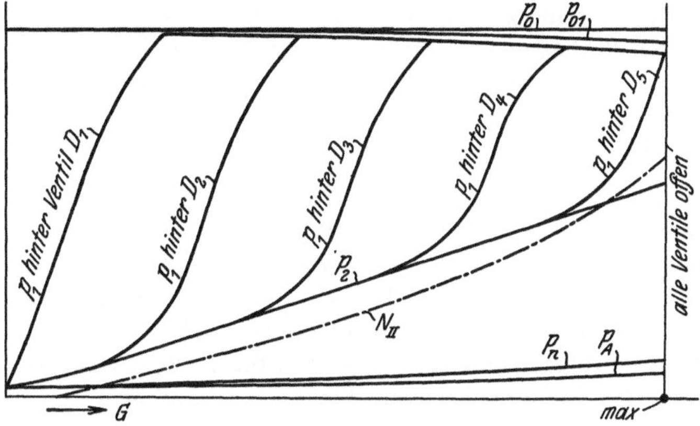

Abb. 16. Mehrstufige Turbine mit Düsenregelung.

Dampfmenge veränderlichen Wirkungsgrades der ersten Stufe leicht wellenförmig. Die Drücke p_1 hinter den einzelnen Düsenventilen $D_1\,D_2\ldots$ verlaufen ähnlich wie in Abb. 15. Die (nicht aufgetragenen) Leistungen $N_{I1}\,N_{I2}\ldots$, die von den durch die einzelnen Düsenventile fließenden Dampfmengen in der ersten Stufe (Teil I) erzeugt werden, verlaufen ähnlich wie die Kurven $N_1\,N_2\ldots$ in Abb. 15. Die Summe $\sum N_I$ dieser Leistungen, das ist die Leistung von Teil I, verläuft ähnlich wie die Kurve ΣN in Abb. 15. Da aber mit steigender Dampfmenge das Gefälle der ersten Stufe (I) stark abnimmt, hat die Kurve $\sum N_I$ bei einer bestimmten Dampfmenge einen Höchstwert, um dann wieder abzunehmen. Bei einer bestimmten Dampfmenge, die jedoch bei den ausgeführten Turbinen größer als die Schluckfähigkeit ist, würde $\sum N_I$ wieder $= 0$ werden. Das Gefälle des Teiles II (von p_2 auf p_n) nimmt bei steigender Dampfmenge zu, so daß seine Leistung N_{II} stärker zunimmt als die Dampfmenge. Die Gesamtleistung $\sum(N) = \sum(N_I) + N_{II}$

hat dieselbe Tendenz wie die Kurve $\sum N$ in Abb. 15, nur sind die wellenartigen Ausbuchtungen nicht so stark. Trägt man den Dampfverbrauch $D = \frac{G}{\sum N}$ abhängig von $\sum N$ auf, so ergibt sich ebenfalls ein wellenförmiger Verlauf der Kurve[1]. Aus diesem Grunde kann ein beispielsweise bei voller Belastung gemessener Dampfverbrauch ein falsches Bild von der Güte einer Turbine geben, da man nicht ohne weiteres wissen kann, ob der gemessene Punkt auf einem Wellenberg oder in einem Wellental liegt. Je kleiner die Leistung der ersten Stufe im Verhältnis zur Gesamtleistung und je größer die Anzahl der Düsenventile ist, um so kleiner sind die Wellen. Deshalb sind bei einstufigen Turbinen, z. B. manchen Gegendruckturbinen, die Wellen am stärksten ausgeprägt.

Abb. 13, 14 und 15 sind nicht maßstäblich gezeichnet; insbesondere sind die Drücke p_A und p_n und der Druckabfall von p_0 auf p_{01} der Deutlichkeit wegen verhältnismäßig übertrieben dargestellt.

Auch bei der Düsenregelung wird stets ein Teil des Dampfes mehr oder weniger gedrosselt, wodurch ein Verlust verursacht wird; ferner sinkt bei sinkender Belastung der Druck p_2, wodurch das Gefälle der ersten Stufe größer wird. Damit wird die hydraulische Kennzahl $\nu' = \frac{u}{c'}$ der ersten Stufe ungünstiger und ihr Wirkungsgrad kleiner. Allein die hierdurch verursachte Verschlechterung des Gesamtwirkungsgrades ist kleiner als bei Drosselregelung. Je niedriger die Belastung ist, um so mehr tritt der Vorzug der Düsenregelung hervor[2].

Da bei Düsenregelung die erste Stufe nur teilweise, die darauffolgende Stufe in der Regel aber voll beaufschlagt wird, muß sich der das erste Rad nur an einem Teil des Umfanges verlassende Dampf vor den Düsen der zweiten Stufe auf den vollen Umfang verbreitern. Infolgedessen geht die Austrittsgeschwindigkeit aus dem ersten Rad fast vollständig verloren; außerdem muß der axiale Abstand zwischen den Schaufeln des ersten Rades und den Düsen der folgenden Stufe größer gewählt werden als bei den folgenden Stufen.

Die Düsenregelung wird vorzugsweise bei solchen Turbinen verwendet, die mit veränderlicher Belastung betrieben werden, bei denen also der Dampfverbrauch auch bei niedriger Belastung möglichst klein sein soll.

Drosselregelung. Im Rechnungsbeispiel setzen wir $p_1 = 0{,}9 \cdot 15 = 13{,}5$ ata. Der Wärmeinhalt ändert sich durch die Drosselung nicht, wenn man den Wärmeaustausch mit der Umgebung und den Unterschied der kinetischen Energie vor und nach dem Drosseln vernachlässigt; demnach können wir $J_1 = J_0 = 753{,}0$ kC/kg setzen (Abb. 3). Die Dampf-

[1] L. 6, S. 30, Abb. 10. [2] L. 6, S. 27 und 30, Abb. 8 und 9.

temperatur sinkt infolge der Drosselung von $t_0 = 350$ auf $t_1 \cong 348{,}5^0$. Hierzu gehört nach der Zustandsgleichung ein spezifisches Volumen $v_1 = 0{,}2122\ \mathrm{m^3/kg}$, so daß das Durchsatzvolumen vor dem ersten Leitrad $V_1 = G \cdot v_1 = 2{,}7\ \mathrm{m^3/s}$ ist. Nach adiabatischer Expansion von J_1 auf p_n ist der Wärmeinhalt $J'_n = 525$, das innere adiabatische Gefälle $H'_i = J_1 - J'_n = 228\ \mathrm{kC/kg}$. Schätzen wir den Wärmerückgewinnfaktor $\varrho \cong 0{,}07$, so wird $\sum h_s = 244$ und der Mittelwert der Stufenkennzahl $\nu_s = \sqrt{\frac{\sum u^2}{\sum h_s}} : 91{,}53 \cong 0{,}46$.

Erste Stufe mit voller Beaufschlagung. Zuerst soll untersucht werden, ob es möglich ist, den Durchmesser 1,6 m der letzten Stufe auch für die erste Stufe zu verwenden. Bei dieser kommt es darauf an, daß die Düsenhöhe L_d nicht zu klein wird. Die Zuflußgeschwindigkeit c_0 zu den Düsen kann man bei der ersten Stufe im allgemeinen vernachlässigen, so daß $h_{c'} \cong h_s$ wird. Wenn der Strahl den Querschnitt vollständig ausfüllt und keine Strahlablenkung auftritt, gilt die Kontinuitätsgleichung

$$\sum f_2 = \frac{G \cdot v_{c'}}{c'}. \tag{20}$$

c' und $v_{c'}$ hängen vom Stufengegendruck p_2 ab; den wir noch nicht kennen. Nehmen wir für p_2 irgend einen Wert an und vernachlässigen wir die Zuflußgeschwindigkeit c_0 zu den Düsen, so erhalten wir nach der is-Tafel $h_{c'} = i_1 - i_{c'}$ (Abb. 8), $c' = 91{,}53 \cdot \sqrt{h_{c'}}$, $t_{c'}$ nach der is-Tafel und $v_{c'}$ nach der Zustandsgleichung. Da G gegeben ist, ist damit $\sum f_2$ bekannt. Bei voller Beaufschlagung, d. h. wenn der ganze Umfang mit Düsen besetzt ist, wird

$$\sum (f_2) = d \cdot \pi \cdot L_d \cdot \frac{\sin \alpha_2}{e_d}$$

und

$$\sin \alpha_2 = \frac{\sum (f_2) \cdot e_d}{d \cdot \pi \cdot L_d} = \frac{\sum (f_2) \cdot e_d}{f'_a}. \tag{21}$$

Der genaue Wert von e_d ergibt sich bei der späteren Konstruktion; für die Überschlagsrechnung schätzen wir $e_d \cong 1{,}15$. Die Düsenendhöhe L_d darf einen Mindestwert nicht unterschreiten. Wir wollen annehmen, daß folgende Bedingungen erfüllt werden sollten:

$$L_d \geqq 0{,}012\ \mathrm{m}, \qquad L_d \geqq \frac{d}{100}, \qquad L_d > b_d.$$

Nach Flügel[1] sollte sein:

$L_d \geqq 0{,}01$ m bei zusammengesetzten Leitkanälen,
$\geqq 0{,}015$ m bei gegossenen Leitkanälen.

Setzt man $L_d = \frac{d}{100} = 0{,}016$ m und die Zahlenwerte von G, d und e_d

[1] L. 5, S. 512.

ein, so findet man

$$f'_a = 1{,}6 \cdot 3{,}14 \cdot 0{,}016 = 0{,}0805\,\text{m}^2. \qquad (21\,\text{a})$$

Aus c' und $u = d \cdot \pi \cdot \frac{n}{60}$ ergibt sich $\nu' = \frac{u}{c'}$. Da wir p_2 nicht kennen, müssen wir die Rechnung für verschiedene Werte von p_2 durchführen. In Zahlenatfel 5, Reihe ① bis ⑯, ist $\sin\alpha_2$ und ν' für $p_2 = 5 - 10$ ata berechnet.

Zahlentafel 5.

①	p_1	ata	13,5						Gegeben
②	t_1	°C	248,5						,,
③	i_1	kC/kg	753,0						nach *is*-Tafel
④	p_2	ata	10	9	8	7	6	5	Angenommen
⑤	$i_{c'}$	kC/kg	734,2	727,7	720,4	712,7	704,0	694,2	nach *is*-Tafel
⑥	$h_s = h_{c'}$	,,	18,8	25,3	32,6	40,3	49,0	58,8	= ③ — ⑤ bei $c_0 = 0$
⑦	c'	m/s	396,9	460,4	522,6	581,1	640,7	701,8	$= 91{,}53 \cdot \sqrt{⑥}$
⑧	$t_{c'}$	°C	307,5	294	278	262	243	222	nach *is*-Tafel
⑨	$v_{c'}$	m³/kg	0,2676	0,2895	0,3176	0,3535	0,3968	0,456	nach Zustandsgleichung
⑩	$c'/v_{c'}$	kg/s·m²	1485	1590	1645	1640	1615	1540	= ⑦ : ⑨
⑪	ν'	—	0,632	0,543	0,480	0,432	0,391	0,357	$= u$: ⑦ bei $u = 251{,}3$ m/s
			Bei voll beaufschlagtem Rad:						
⑫	$\Sigma(f_2)$	m²	0,00857	0,00800	0,00773	0,00775	0,00788	0,00826	$= G$: ⑩
⑬	f'_a	,,	0,0805	=	=	=	=	=	nach Gl. (21a)
⑭	e_d	—	1,15	=	=	=	=	=	Geschätzt
⑮	$\sin\alpha_2$	—	0,1225	0,1142	0,1103	0,1107	0,1125	0,1180	= ⑫ · ⑭ : ⑬
⑯	α_2	—	7° 5′	6° 35′	6° 20′	6° 20′	6° 25′	6° 50′	
			Bei teilweise beaufschlagtem Rad:						
⑰	$\sin\alpha_2$	—	0,225	=	=	=	=	=	Gewählt
⑱	ω	—	0,543	0,507	0,490	0,491	0,500	0,524	= ⑫ · ⑭ : [⑬ · ⑰]

Hierbei liegt ν' zwischen 0,357 und 0,632. In allen Fällen, welchen Wert wir auch für p_2 wählen, liegt der erforderliche Düsenwinkel α_2 (Reihe ⑯) zwischen 6 und 7°. Ein derartig kleiner Düsenwinkel ist unmöglich, weil sich dabei eine allzu kleine Düsenbreite b_d ergäbe, wie man sich durch eine Probeaufzeichnung leicht überzeugen kann. Als kleinsten praktisch ausführbaren Düsenwinkel wollen wir $\alpha_2 \cong 13$ bis 14° ansehen, was einer Düsenneigung $\operatorname{tg}\alpha_2 \cong 0{,}23$ bis 0,25 entspricht. Nach Flügel[1] ist der kleinste verwendete Düsenwinkel etwa 12,5°, entsprechend $\operatorname{tg}\alpha_2 \cong 0{,}22$.

Wir haben demnach gefunden, daß für die erste Stufe ein Durchmesser von 1,6 m bei voller Beaufschlagung nicht in Frage kommt. Wenn wir auf volle Beaufschlagung nicht verzichten wollen, müssen wir einen kleineren Durchmesser als 1,6 m für die erste Stufe wählen; andernfalls darf sie nur teilweise beaufschlagt werden.

[1] L. 5, S. 504.

Wir wollen nun untersuchen, wie groß der Durchmesser der ersten Stufe bei voller Beaufschlagung höchstens sein darf. Je größer wir den Düsenwinkel α_2 wählen, um so kleiner wird der Durchmesser, um so größer aber auch die Stufenzahl. Damit aber diese nicht zu groß sind, wollen wir für α_2 den zulässigen Mindestwert wählen und erhalten so den größtzulässigen Wert des Durchmessers.

Wir berechnen $\sum f_2$ in derselben Weise wie in Zahlentafel 5, wählen e_d und den Mindestwert von $\sin\alpha_2$ und erhalten daraus $f'_a = d \cdot \pi \cdot L_d$ nach Gl. (21). Nehmen wir für ν' irgend einen Wert an, so erhalten wir $u = \nu' \cdot c'$, $d = \frac{60 \cdot u}{\pi \cdot n}$, $L_d = \frac{f'_a}{d \cdot \pi}$ und $\delta_d = \frac{d}{L_d}$. Bei der ersten Stufe wählt man ν' etwas kleiner als den Mittelwert von ν_ε, den wir $\cong 0{,}46$ gefunden hatten. Wir schätzten $\nu' \cong 0{,}46$ bis $0{,}42$. In Zahlentafel 6 ist d, L_d und δ_d für $p_2 = 8 - 12$ ata und $\nu' = 0{,}42$ und $0{,}46$ berechnet.

Zahlentafel 6.

(1)	p_1	ata	13,5					Gegeben	
(2)	t_1	°C	348,5					„	
(3)	i_1	kC/kg	753,0					„	
(4)	p_2	ata	12	11	10	9	8	Angenommen	
(5)	$i_{c'}$	kC/kg	745,5	740,0	734,2	727,7	720,4	nach is-Tafel	
(6)	$h_{c'} = h_\varepsilon$	„	7,5	13,0	18,8	25,3	32,6	= (3) — (5) bei $c_0 = 0$	
(7)	c'	m/s	250,7	330,0	396,9	460,4	522,6	$= 91{,}53 \cdot \sqrt{(6)}$	
(8)	$t_{c'}$	°C	332	320,5	307,5	294	278	nach is-Tafel	
(9)	$v_{c'}$	m³/kg	0,2317	0,249	0,2676	0,2895	0,3176	nach Zustandsgleichung	
(10)	$c'/v_{c'}$	kg/s·m²	1080	1325	1485	1590	164,5	= (7) : (9)	
(11)	Σf_2	m²	0,01175	0,00960	0,00857	0,00800	0,00773	= G : (10)	
(12)	e_d	—	1,15	=	=	=	=	Geschätzt	
(13)	$\sin\alpha_2$	—	0,225	=	=	=	=	Gewählt	
(14)	f'_a	m²	0,0600	0,0491	0,0437	0,0409	0,0395	= (11) · (12) : (13)	
(15)	u	m/s	115,3	152	182,7	212	240,5	= (7) · ν'	
(16)	d	m	0,753	0,968	1,163	1,35	1,532	= 60 · (15) : ($\pi \cdot n$)	bei
(17)	L_d	„	0,026	0,0161	0,01195	0,00965	0,00822	= (14) : [π · (16)]	$\nu' = 0{,}46$
(18)	δ_d	—	28,3	60,1	97,2	140	186	= (16) : (14)	
(19)	u	m/s	105,3	139	167	193,5	220	= (7) · ν'	
(20)	d	m	0,671	0,884	1,062	1,233	1,400	= 60 · (19) : ($\pi \cdot n$)	bei
(21)	L_d	„	0,0285	0,0176	0,0131	0,0106	0,009	= (14) : [π · (20)]	$\nu' = 0{,}42$
(22)		—	23,5	50,2	81	117	155,5	= (20) : (21)	

In Abb. 17 ist p_2, L_d und δ_d abhängig von d nach Zahlentafel 6 aufgetragen. Ferner sind die Grenzwerte $\delta_{d_{\max}} = 100$ und $L_{d_{\min}} = 0{,}012$ m eingetragen. Aus der Auftragung erkennen wir, daß

$$d \leqq 1{,}13 \text{ m}$$

sein muß, wobei p_2 in der Nähe von 10 ata liegt. Je kleiner wir d wählen, um so größer wird p_2 und L_d. Man ist aber bestrebt, den Druck p_2

möglichst niedrig zu halten. Auch aus diesem Grunde ist es zweckmäßig, d nicht zu klein auszuführen. Deshalb wollen wir bei der Wahl von d bis nahe an die zulässige Grenze gehen und $d = 1{,}1$ m wählen. Hieraus ergibt sich $u = 172{,}8$, $c' = \frac{u}{\nu'} = 375$ bis 410 m/s, $p_2 = 9{,}8$ bis 10,35 ata nach Abb. 17, $L_d = 0{,}0124$ bis 0,0131 m und $\delta_d = 84$ bis 89.

Die nullte Stufe. Den Durchmesser der ersten Stufe können wir aber auch in anderer Weise berechnen, indem wir uns vor die erste Stufe eine Stufe geschaltet denken, die wir als „nullte Stufe" bezeichnen wollen und deren höchstzulässiger Durchmesser berechnet werden soll.

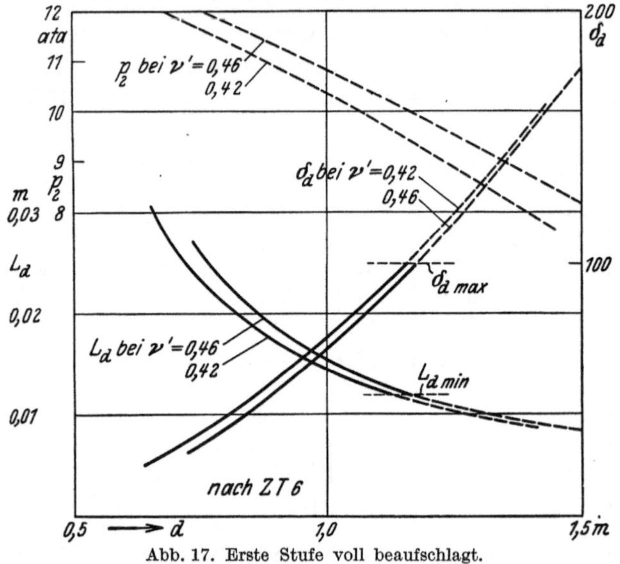

Abb. 17. Erste Stufe voll beaufschlagt.

Der Dampfzustand hinter dieser gedachten Stufe ist identisch mit dem bekannten Anfangszustand $p_1 t_1$ vor der ersten Stufe. In Gl. (20) ist dann v_1 an Stelle von $v_{c'}$ zu setzen und wir erhalten

$$\sum(f_2) = \frac{d \cdot \pi \cdot L_d \cdot \sin\alpha_2}{e_d} = \frac{G \cdot v_1}{c'} = \frac{V_1}{c'}. \tag{22}$$

V_1 ist bereits bekannt $= 2{,}7$ m³/s. Für e_d setzen wir wieder 1,15 und für $\sin\alpha_2$ den Mindestwert, den wir $= 0{,}225$ geschätzt hatten. Nehmen wir für d und ν' irgendwelche Werte an, so erhaltenwir $u = \frac{d \cdot \pi \cdot n}{60}$ und $c' = \frac{u}{\nu'}$. Damit ist auch $\sum(f_2)$ bekannt und wir erhalten

$$L_d = \frac{\Sigma(f_2) \cdot e_d}{d \cdot \pi \cdot \sin\alpha_2} = \frac{\Sigma f_2 \cdot 1{,}15}{d \cdot \pi \cdot \sin\alpha_2} = 1{,}63 \cdot \frac{\Sigma(f_2)}{d}. \tag{22a}$$

Damit kennen wir auch L_d und $\delta_d = \frac{d}{L_d}$. In Zahlentafel 7 ist die Rechnung für $d = 0{,}9 - 1{,}3$ m und $\nu' = 0{,}42$ und 0,46 durchgeführt.

Zahlentafel 7.

①	d	m	0,9	1,0	1,1	1,2	1,3	Angenommen	
②	u	m/s	141,4	157,1	172,8	188,5	204,2	$=$ ①$\cdot \pi \cdot n : 60$	
③	e_d	—	1,15	=	=	=	=	Geschätzt	
④	$\sin \alpha_2$	—	0,225	=	=	=	=	Gewählt	
⑤	$d\pi \cdot \sin \alpha_2 : e_d$	m	0,553	0,615	0,676	0,738	0,799	$=$ ①$\cdot \pi \cdot$④$:$③	
⑥	c'	m/s	337	374	411	449	486	$=$ ②$: \nu'$	bei $\nu' = 0{,}42$
⑦	Σf_2	m^2	0,00801	0,00722	0,00657	0,00602	0,00556	$= V_1 :$ ⑥	
⑧	L_d	m	0,0145	0,0118	0,0097	0,00818	0,007	$=$ ⑦$:$⑤	
⑨	δ_d	—	62	85	113	146,5	186	$=$ ①$:$⑧	
⑩	c'	m/s	307,5	341,5	375,5	410	444	$=$ ②$: \nu'$	bei $\nu' = 0{,}46$
⑪	Σf_2	m^2	0,00878	0,0079	0,00719	0,00659	0,00608	$= V_1 :$ ⑩	
⑫	L_d	m	0,0159	0,0129	0,01065	0,00895	0,00762	$=$ ⑪$:$⑤	
⑬	δ_d	—	56,5	77,5	103	134	170	$=$ ①$:$⑫	

Das Ergebnis der Rechnung ist in Abb. 18 aufgetragen. Bei der nullten Stufe können wir für L_d einen kleineren und für δ_d einen größeren Grenzwert als bei der ersten Stufe wählen, weil bei der ersten Stufe L_d wegen des größeren Dampfvolumens sowieso größer wird. Wir ersehen aus Abb. 18, daß wir mit dem Durchmesser der ersten Stufe bei voller Beaufschlagung nicht über 1,1 m hinausgehen dürfen. Setzt man $c' = \frac{d \cdot \pi \cdot n}{60 \cdot \nu'}$ und $L_d = \frac{d}{\delta_d}$ in Gl. (22) ein, so ergibt sich ohne Variationsrechnung eine Gleichung für d. Für den Studierenden empfiehlt es sich jedoch, eine Rechnung mit verschiedenen Veränderlichen, ähnlich wie in Zahlentafel 7, durchzuführen und das Ergebnis graphisch aufzutragen, weil ihm hierdurch der Zusammenhang und der Einfluß der zu wählenden Größen anschaulicher vor Augen geführt wird.

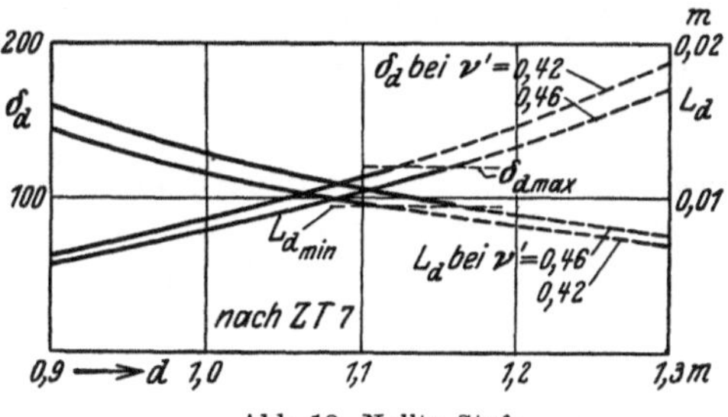

Abb. 18. Nullte Stufe.

Je kleiner die Leistung oder — richtiger — das Anfangsvolumen V_1 der Turbine ist, um so kleiner muß bei voller Beaufschlagung der Durchmesser der ersten Stufe werden. Aus Gl. (22) kann man den Zusammenhang zwischen dem größtzulässigen Durchmesser $d_{\max}$ und V_1 ableiten, indem man $c' = \frac{u}{\nu'} = \frac{d \cdot \pi \cdot n}{60 \cdot \nu'}$ setzt. Aus c' ergibt sich $h_{c'} = \frac{c'^2}{8380}$. Näherungsweise kann die Beziehung zwischen $h_{c'}$ und dem Druckverhältnis $\varepsilon = \frac{p_2}{p_1}$ der ersten Stufe bei $h_0 = 0$ durch die bekannte

Gleichung

$$h_{c'} = c_p \cdot T_1 \cdot \left(1 - \varepsilon^{\frac{\varkappa - 1}{\varkappa}}\right)$$

und

$$\varepsilon = \left(1 - \frac{h_{c'}}{c_p \cdot T_1}\right)^{\frac{\varkappa}{\varkappa - 1}} \tag{23}$$

ausgedrückt werden. In Abb. 19 ist $d_{\max}$, $h_{c'}$ und ε für $\nu' = 0{,}42$ und 0,46 abhängig von V_1 aufgetragen; hierbei ist $n = 3000$, $e_d = 1{,}15$, $L_d = 0{,}01$ m, $\sin\alpha_2 = 0{,}225$, $t_1 = 350^0$, $c_p = 0{,}5$ und $\varkappa = 1{,}3$ gesetzt.

Je kleiner die Leistung der Turbine ist, desto größer müßte also der Druck p_2 in der ersten Radkammer sein. Man pflegt aber gerade umgekehrt p_2 um so niedriger zu wählen, je kleiner die Turbinenleistung ist. Infolgedessen ist man gezwungen, bei kleinen Turbinen die erste Stufe teilweise zu beaufschlagen, um nicht zu kurze Schaufeln oder zu kleine Düsenwinkel zu erhalten. Dadurch ist man in der Lage, den Durchmesser und damit auch das Gefälle der ersten Stufe zu vergrößern und den Druck p_2 zu erniedrigen.

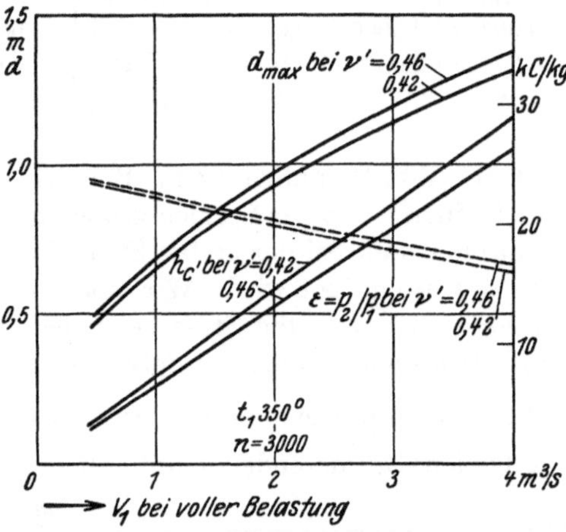

Abb. 19. Durchmesser der ersten Stufe bei voller Beaufschlagung.

Erste Stufe teilweise beaufschlagt. Nur ein Teil des Umfanges ist mit Düsen besetzt. Am nicht beaufschlagten Teil des Umfanges ist der Laufschaufelkranz zweckmäßigerweise durch einen Deckring[1] eingehüllt, um die Radreibung zu verringern. Das Verhältnis des mit Düsen besetzten Teils des Umfanges $\sum(a_d)$ zum Umfang $d \cdot \pi$ werde als Beaufschlagungsgrad ω bezeichnet.

Der Endquerschnitt einer Düse ist

$$f_2 = \frac{a_d \cdot \sin\alpha_2 \cdot L_d}{e_d}$$

und der Gesamtquerschnitt der Düsen ist

$$\sum(f_2) = \frac{\sum(a_d) \cdot \sin\alpha_2 \cdot L_d}{e_d}.$$

Daraus ergibt sich

$$\omega = \frac{\sum(a_d)}{d \cdot \pi} = \frac{\sum(f_2) \cdot e_d}{d \cdot \pi \cdot L_d \cdot \sin\alpha_2} = \frac{\sum(f_2) \cdot e_d}{f'_a \cdot \sin\alpha_2}. \tag{24}$$

[1] L. 11, S. 42, Abb. 35.

Die Rechnung ist in derselben Weise wie in Zahlentafel 5 durchzuführen; für $\sin \alpha_2$ ist dabei der kleinstzulässige Wert einzusetzen, den wir, wie oben, $= 0{,}225$ annehmen wollen. In Reihe (17) und (18) von Zahlentafel 5 ist ω berechnet, wobei der Durchmesser der ersten Stufe gleich dem der letzten Stufe $= 1{,}6$ m angenommen ist. Bei der Rechnung hat sich $\omega \cong 0{,}49$ bis $0{,}55$, also ungefähr halbe Beaufschlagung, ergeben. Je größer man L_a und $\sin \alpha_2$ wählt, um so kleiner wird ω.

Mit zunehmender Länge der Laufschaufeln sinken zwar die Strömungsverluste in den Schaufelkanälen, dafür werden aber die Ventilationsverluste (Radreibung) größer, die noch durch den kleiner werdenden Beaufschlagungsgrad erhöht werden. Außerdem tritt noch ein weiterer Verlust dadurch auf, daß jeder Schaufelkanal beim Eintritt in den Düsenstrahl angefüllt und beim Austritt aus ihm wieder entleert wird. Stodola[1] schätzt diesen Verlust auf etwa 10 bis 15% der auf diese Schaufeln entfallenden inneren Arbeit. Demnach wird es in jedem Falle eine bestimmte günstigste Schaufellänge geben, die sich allerdings infolge der ungenügenden Kenntnisse der Verluste nicht berechnen, sondern nur schätzen läßt.

Wenn wir den Durchmesser der ersten Stufe $< 1{,}6$ m wählen, wird der Beaufschlagungsgrad größer; bei einem bestimmten Durchmesser wird $\omega = 1{,}0$, d. h. die Beaufschlagung wird voll.

Düsenregelung. Der Druck p_1 vor den Düsen ist auch bei ganz offenen Düsenventilen wegen der Strömungsverluste im Absperrventil, im Schnellschlußventil und in den Düsenventilen etwas niedriger als p_0; im Zahlenbeispiel soll $p_{1\,max} = 14{,}8$ ata* gesetzt werden. Mit der Belastung ändert sich die Dampfmenge und damit auch p_2, $h_{c'}$ und ν' der Regelstufe. Da eine Stufe meist nur für einen bestimmten Wert oder einen kleinen Bereich von ν' praktisch stoßfrei ausgeführt werden kann, ist die Regelstufe für den hauptsächlichsten Betriebsfall passend zu bauen; bei anderen Belastungen treten dann Stoßverluste auf, die man aber in den Kauf nehmen muß.

Die Regelstufe kann als ein- oder mehrkränzige Gleichdruckstufe ausgeführt werden.

Die erste Stufe als einkränzige Regelstufe. Ersetzen wir die erste Stufe der Turbine mit Drosselregelung durch eine einkränzige Regelstufe von beispielsweise 1,0 bis 1,2 m Durchmesser, so ändert sich zwar der Wirkungsgrad der ersten Stufe; aber der Gesamtwirkungsgrad der Turbine wird durch diese Änderung bei voller Belastung nicht nennenswert beeinflußt. Dagegen ist bei Teillasten wegen des hierbei größeren Gefälles der ersten Stufe die Wahl eines größeren Durchmessers vorteil-

[1] L. 13, S. 191.

* Der hier angenommene Druckabfall von $\sim 1{,}33\%$ ist wohl etwas zu klein eingeschätzt.

haft, weil dabei ein kleiner Gewinn gegenüber dem kleineren Durchmesser erzielt werden kann. Deshalb wollen wir für die spätere Durchrechnung der Regelstufe einen Durchmesser $d = 1{,}2$ m wählen.

Die erste Stufe als zweikränzige Regelstufe (Curtis- oder *C*-Stufe). *C*-Stufen (Abb. 20) kommen dann in Frage, wenn bei gewähltem oder

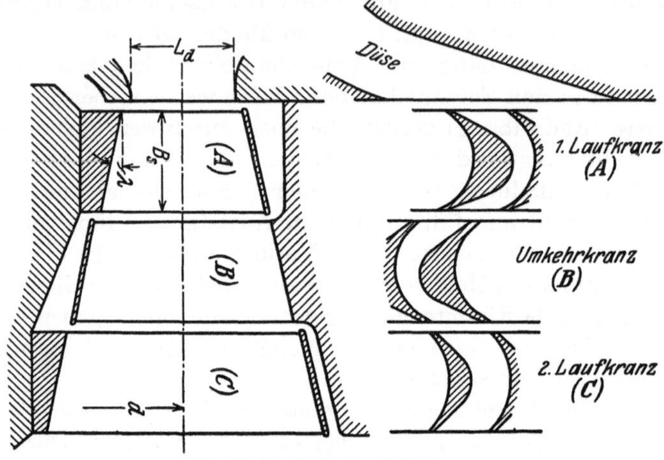

Abb. 20. Zweikränzige *C*-Stufe.

gegebenem Stufengefälle $h_{c'}$ die Umfangsgeschwindigkeit u nur so klein ist, daß die absolute Austrittsgeschwindigkeit c_2 aus dem Laufkranz (*A*) in einem weiteren Laufkranz (*C*) vorteilhaft ausgenützt werden kann. Der den Kranz (*A*) mit der Geschwindigkeit c_2 verlassende Dampf wird einem feststehenden Umkehrkranz (*B*) zugeführt, in ihm umge-

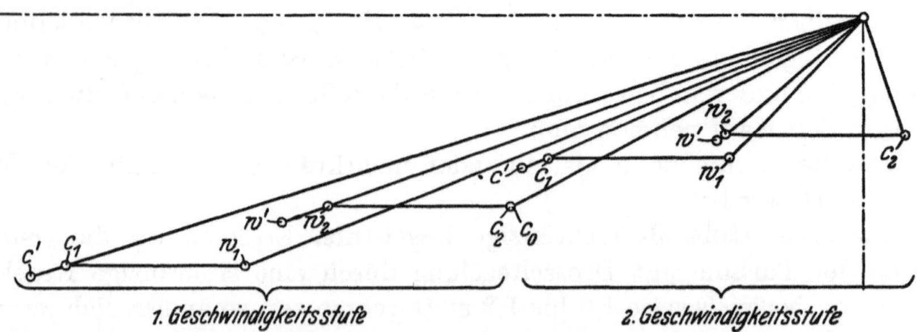

Abb. 21. Geschwindigkeitsplan einer zweikränzigen *C*-Stufe.

lenkt und einem zweiten Laufkranz (*C*) zugeleitet, in dem der Vorgang derselbe ist wie im ersten Laufkranz. In Abb. 21 ist der Geschwindigkeitsplan einer zweikränzigen *C*-Stufe wiedergegeben.

Gleichen Durchmesser vorausgesetzt, ist das zur Erreichung des besten Wirkungsgrades erforderliche Gefälle bei einer zweikränzigen

C-Stufe mindestens 4 mal so groß wie bei einer einkränzigen Gleichdruckstufe, wobei aber der höchste Wirkungsgrad der einkränzigen Stufe höher als der der C-Stufe ist.

Es ist zweckmäßig, bei Turbinen mit stark schwankender Belastung die Regelstufe für etwa ¾-Last zu berechnen und hierbei $\nu' \leqq 0{,}2$ zu wählen. In Zahlentafel 8 ist berechnet, welcher Druck p_2 sich hiernach bei voller und ¾-Last und bei den Durchmessern 1,0—1,1—1,2 m ergibt.

Zahlentafel 8.

(1)	p_1	ata	14,8			Gegeben	
(2)	t_1	°C	350			„	
(3)	i_1	kC/kg	753,0			nach is-Tafel	
(4)	d	m	1,0	1,1	1,2	Angenommen	
(5)	u	m/s	157,1	172,8	188,5	$=$ (4) $\cdot \pi \cdot n/60$	
(6)	ν'	—	0,2	=	=	Gewählt	bei ~ 3/4 Last
(7)	c'	m/s	785,5	864,0	942,5	$=$ (5) : (6)	
(8)	$h_{c'}$	kC/kg	73,6	89,1	106,0	$=$ (7)^2 : 8380	
(6)	$i_{c'}$	„	679,4	663,9	647,0	$=$ (3) — (8) bei $c_0 = 0$	
(10)	p_2	ata	$\sim 4{,}1$	$\sim 3{,}0$	$\sim 2{,}05$	nach is-Tafel	
(11)	p_2	„	$\sim 5{,}5$	$\sim 4{,}0$	$\sim 2{,}75$	$\cong$ (10) : 0,75	bei ~ 4/4 Last
(12)	$i_{c'}$	kC/kg	694,5	672,9	659,5	nach is-Tafel	
(13)	$h_{c'}$	„	58,5	75,1	93,5	$=$ (3) — (12)	
(14)	c'	m/s	700,0	793,2	885,1	$= 91{,}53 \cdot \sqrt{(13)}$	
(15)	ν'	—	0,235	0,217	0,213	$=$ (5) : (14)	

Für die spätere Durchrechnung einer C-Stufe wollen wir $d = 1{,}0$ m und $p_2 \cong 6{,}0$ ata bei voller Belastung wählen. Bei ¾-Last ist dann $p_2 \cong 4{,}5$ ata, $h_{c'} \cong 69{,}3$ kC/kg, $c' \cong 762$ m/s und $\nu' \cong 0{,}205$. Je kleiner die Nennleistung der Turbine ist, um so kleiner muß man p_2 wählen, weil sonst die Radreibungs- und Undichtheitsverluste zu groß werden würden.

Drei- oder mehrkränzige C-Stufen werden nur bei Turbinen kleiner Leistung oder niedriger Drehzahl verwendet, z. B. im HD-Teil von Schiffsturbinen mit direktem Propellerantrieb.

c) Die zweite bis vorletzte Stufe.

Wenn bei einer Turbine mit Drosselregelung die erste Stufe teilweise beaufschlagt ist, kann ein Teil der darauffolgenden Stufen ebenfalls teilweise beaufschlagt werden. Ist dagegen die erste Stufe bei Drosselregelung voll beaufschlagt oder bei Düsenregelung als teilweise beaufschlagte Regelstufe ausgebildet, so pflegt man alle übrigen Stufen voll zu beaufschlagen.

Ein Teil der Stufen teilweise beaufschlagt. Haben wir Schaufellänge und Beaufschlagungsgrad der ersten Stufe gewählt, so können wir für die folgenden Stufen verschiedene Wege einschlagen.

α) Wir behalten die Schaufellänge des ersten Rades für die folgenden Stufen bei wachsendem Beaufschlagungsgrade so lange bei, bis volle Beaufschlagung erreicht ist. Die darauffolgenden Stufen bleiben voll beaufschlagt und ihre Schaufellängen werden von Stufe zu Stufe dem wachsenden Dampfvolumen entsprechend größer.

Die Vergrößerung des beaufschlagten Bogens beim Übergang von einer Stufe zur anderen hat den Nachteil, daß die Auslaßgeschwindigkeit infolge der Verbreiterung des Dampfstrahles in der Umfangsrichtung nicht so gut ausgenützt werden kann wie bei gleichbleibendem Beaufschlagungsgrad.

β) Wir behalten den Beaufschlagungsgrad der ersten Stufe bei einer Anzahl der darauffolgenden Stufen bei und vergrößern zunächst die Schaufellängen von Stufe zu Stufe; erst bei einer bestimmten Stufe, bei der volle Beaufschlagung ohne zu kurze Schaufeln möglich ist, gehen wir zur vollen Beaufschlagung über.

γ) Wir vergrößern von Stufe zu Stufe sowohl den Beaufschlagungsgrad als auch die Schaufellänge, bis bei einer bestimmten Stufe die volle Beaufschlagung erreicht ist.

Wenn alle Stufen den gleichen Durchmesser wie die letzte Stufe, also 1,6 m, und damit auch die gleiche Umfangsgeschwindigkeit $u = 251{,}3$ m/s haben, so ergibt sich die erforderliche Stufenzahl

$$Z = \frac{\Sigma(u^2)}{u^2} = \frac{430000}{63167} = 6{,}8\,.$$

Wir wählen in diesem Fall 7 Stufen und erhalten $\sum(u^2) = 442200\,\mathrm{m^2/s^2}$.

Meistens zieht man vor, alle Stufen außer der Regelstufe voll zu beaufschlagen.

Alle Stufen voll beaufschlagt. Wir können die Zwischenstufen mit von Stufe zu Stufe steigendem Durchmesser ausführen. Dabei ist die Stufenzahl derart zu wählen, daß der Wert $\sum(u^2)$ ungefähr dem zu Erreichung des angenommenen Wirkungsgrades erforderlichen Wert entspricht. Lassen wir beispielsweise den Durchmesser von Stufe zu Stufe um einen ungefähr gleichbleibenden Betrag von 1,1 auf 1,6 m zunehmen, so ergeben sich beim Rechnungsbeispiel 9 bis 10 Stufen.

Vielfach werden Turbinen mit verschiedenen Raddurchmessern derart ausgeführt, daß die ersten Stufen denselben Durchmesser wie die erste Stufe und die übrigen Stufen denselben Durchmesser wie die letzte Stufe erhalten. Man pflegt dann den ersten Teil mit dem kleineren Durchmesser als Hochdruck-(*HD*-)Teil und den zweiten Teil mit dem größeren Durchmesser als Niederdruck-(*ND*-)Teil zu bezeichnen. Bei dieser Bauart muß zunächst der Zwischendruck p_N zwischen den beiden Teilen festgestellt werden. Wir wollen untersuchen, welches der niedrigste Druck ist, bei dem man noch den kleineren Durchmesser ausführen kann, ohne zu lange Schaufeln zu erhalten; dann wollen wir untersuchen, welches der höchste Druck ist, bei dem man noch den größeren Durchmesser ausführen kann, ohne zu kurze Schaufeln zu erhalten. In der Regel ist der höchstzulässige Druck vor dem *ND*-Teil wesentlich größer als der niedrigstzulässige Druck hinter dem *HD*-Teil, so daß für die Wahl des Zwischendruckes ein gewisser Spielraum zur Verfügung ist.

In Abb. 3 ist der Druckverlauf im *is*-Diagramm wiedergegeben. Die Punkte $J_1 = 753$ kC/kg und $J_A = J_n = 560{,}4$ kC/kg sind bekannt. Der Wärmeinhalt J_{C_n} des Dampfes am Austritt aus dem letzten Laufkranz unterscheidet sich von J_n durch den Wärmewert der Auslaßgeschwindigkeit aus dem letzten Laufkranz $H_n = \frac{C_n^2 \cdot A}{2g} \cong 3{,}5$ kC/kg. Also ist $J_{C_n} = J_n - H_n = 556{,}9$. Die Anfangszustände i_0 vor den Düsen der einzelnen Stufen liegen auf einer Kurve, die die Punkte J_1 und J_{C_n} (Abb. 3) miteinander verbindet[1]. Diese Anfangszustände sind gleichzeitig die Endzustände i_{c3} der jeweils vorhergehenden Stufen (Abb. 8). Da der genaue Verlauf der Zustandskurve nicht vorher bekannt ist, verbinden wir in erster Annäherung J_1 mit J_{C_n} durch eine gerade Linie, die als i_0-Linie oder „obere Zustandslinie" bezeichnet werden soll. Die Dampfzustände $i_{c'}$ in den Düsenendquerschnitten f_2 liegen ebenfalls auf einer Kurve, die etwas tiefer als die i_0-Linie liegt und die als $i_{c'}$-Linie oder „untere Zustandslinie" bezeichnet werden soll. Zu jedem Werte des Druckes auf einer der Zustandslinien gehört ein bestimmter Wert von t oder x und von v. Für das Rechnungsbeispiel ist v_0 entsprechend der oberen Zustandslinie abhängig von p in Abb. 22 aufgetragen. Die zur Berechnung der Düsenhöhen erforderlichen Werte von $v_{c'}$, die der unteren Zustandslinie entsprechen, sind etwas kleiner als die aus Abb. 22 abzugreifenden Werte von v_0. Von der unteren Zustandslinie ist jedoch weder der Anfangs- noch der Endpunkt von vornherein bekannt, da diese Punkte von der Größe der noch unbe-

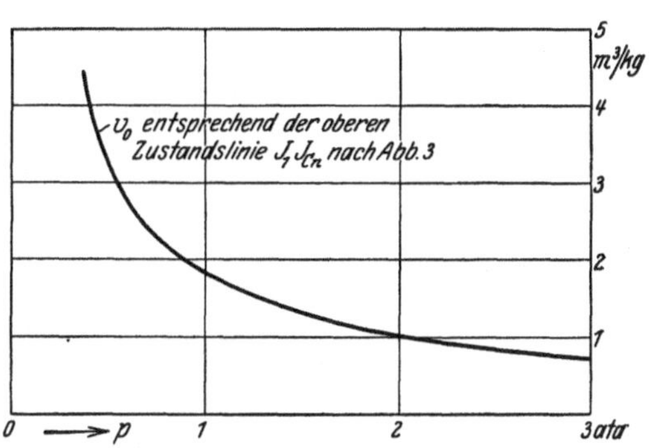

Abb. 22. *vp*-Diagramm der oberen Zustandslinie.

[1] Strenggenommen müßte als Endpunkt der Kurve an Stelle von J_{C_n} ein zwischen J_{C_n} und J_n liegender Punkt gewählt werden.

Zahlentafel 9.

			HD-Teil Letzte Stufe				*ND*-Teil Nullte Stufe				
(1)	d	m	1,1				1,6				Gegeben
(2)	u	m/s	172,8				251,3				= (1)·π·n/60
(3)	δ_d	—	≧ 11				≦ 100				Geschätzt
(4)	L_d	m	≦ 0,1				≧ 0,016				= (1):(3)
(5)	e	—	1,12				1,12				Geschätzt
(6)	$\sin\alpha_2$	—	0,25	=	0,30	=	0,225	=	0,25	=	Angenommen
(7)	Σf_2	m²	≦ 0,077	=	≦ 0,0925	=	≧ 0,0162	=	≧ 0,01795	=	= (1)·π·(4)·(6):(5)
(8)	$c'/v_{c'}$	kg/s·m²	≧ 165,0	=	≧ 137,5	=	≦ 785	=	≦ 708	=	= G:(7)
(9)	v'	—	0,46	0,42	0,46	0,42	0,46	0,42	0,46	0,42	Angenommen
(10)	c'	m/s	375	411	375	411	546	598	546	598	= (2) (9)
(11)	$v_{c'}$	m³/kg	≦ 0,227	≦ 0,249	≦ 0,272	≦ 0,299	≧ 0,695	≧ 0,761	≧ 0,771	≧ 0,845	= (10):(8)
(12)	p_N	ata	≧ 0,76	≧ 0,61	≧ 0,68	≧ 0,55	≦ 3,2	≦ 2,9	≦ 2,8	≦ 2,5	nach Abb. 22

kannten Gefälle der ersten und letzten Stufe abhängen. Der Unterschied der v-Werte nach den beiden Zustandslinien kann jedoch für Überschlagsrechnungen vernachlässigt werden. Wir wollen also bei den Zahlenrechnungen zur Ermittelung des Zwischendruckes p_N die v-Werte unmittelbar aus Abb. 22 abgreifen, d. h. wir wollen $v_{c'} \cong v_0$ setzen.

Zur Berechnung von $v_{c'}$ dienen die Gleichungen

$$c' = \frac{u}{v'} = \frac{d \cdot \pi \cdot n}{60 \cdot v'}, \tag{25}$$

$$\Sigma(f_2) = \frac{d \cdot \pi \cdot L_d \cdot \sin\alpha_2}{e_d}, \tag{26}$$

$$v_{c'} = \frac{\Sigma(f_2) \cdot c'}{G}. \tag{27}$$

d ist = 1,1 m im *HD*-Teil und 1,6 m im *ND*-Teil gefunden worden. e_d wollen wir = 1,12 annehmen. Die Grenzwerte der Düsenhöhe L_d wollen wir

für die letzte Stufe

des *HD*-Teils . . $L_d = \frac{d}{11} = 0{,}1$ m

für die nullte Stufe

des *ND*-Teils . . $L_d = \frac{d}{100} = 0{,}016$ m

setzen. In Zahlentafel 9 sind die Grenzwerte von $v_{c'}$ und p_N für verschiedene Werte von $\sin\alpha_2$ und v' berechnet.

Aus der Zahlentafel erkennen wir, daß p_N zwischen etwa 0,6 und 2,5 ata liegen muß; wir haben demnach einen weiten Spielraum zur Verfügung, innerhalb dessen wir p_N wählen können.

Die obigen Gleichungen können auch zu einer einzigen[1] zusammengefaßt werden und wir erhalten, wenn wir noch $L_d = \frac{d}{\delta_d}$ setzen,

$$v_{c'} = \frac{\pi^2 \cdot d^3 \cdot n \cdot \sin \alpha_2}{60 \cdot G \cdot e_d \cdot \nu' \cdot \delta_d} \tag{28a}$$

und, wenn wir die Zahlenwerte einsetzen,

$$v_{c'} = \frac{34{,}6 \cdot d^3 \sin \alpha_2}{\nu' \cdot \delta_d}. \tag{28b}$$

Damit wird für die letzte Stufe des *HD*-Teils

$$v_{c'} = 4{,}19 \cdot \frac{\sin \alpha_2}{\nu'}, \tag{28c}$$

für die nullte Stufe des *ND*-Teils

$$v_{c'} = 1{,}42 \cdot \frac{\sin \alpha_2}{\nu'}. \tag{28d}$$

Das Ergebnis ist natürlich identisch mit dem Ergebnis von Zahlentafel 9, während die Berechnung einfacher ist. Den Studierenden ist jedoch aus den bereits angeführten Gründen zu empfehlen, die Berechnung in ähnlicher Weise wie in Zahlentafel 9 durchzuführen.

Hat man für p_N einen Wert gewählt, so erhält man nach Abb. 3 ein adiabatisches Gefälle

für den *HD*-Teil · · $H'_{\text{I}} = J_1 - i'_N$
für den *ND*-Teil · · $H'_{\text{II}} = i_N - i'_n$.

Wir wollen annehmen, daß die Kennzahlen ν_{I} und ν_{II} des *HD*- und *ND*-Teils einander gleich sind; dann ist

$$\frac{\Sigma(u_{\text{I}}^2)}{\Sigma(u_{\text{II}}^2)} = \frac{H'_{\text{I}}}{H'_{\text{II}}}.$$

Daraus folgt

$$\Sigma(u_{\text{I}}^2) = \Sigma(u^2) \cdot \frac{H'_{\text{I}}}{H'_{\text{I}} + H'_{\text{II}}},$$

$$\Sigma(u_{\text{II}}^2) = \Sigma(u^2) \cdot \frac{H'_{\text{II}}}{H'_{\text{I}} + H'_{\text{II}}}$$

und die Stufenzahlen

$$Z_{\text{I}} = \frac{\Sigma(u_{\text{I}}^2)}{u_{\text{I}}^2} \quad \text{und} \quad Z_{\text{II}} = \frac{\Sigma(u_{\text{II}}^2)}{u_{\text{II}}^2}.$$

Aus Zahlentafel 9 hatten wir entnommen, daß der Druck p_N zwischen etwa 0,6 und 2,5 ata liegen muß. In Zahlentafel 10 ist berechnet, welche Stufenzahlen sich ergeben, wenn man für p_N einen zwischen diesen Grenzen liegenden Wert wählt.

[1] Eine ähnliche Gleichung hat auch Zietemann (L. 18, S. 121) aufgestellt.

Zahlentafel 10.

①	p_1	ata	13,5				Gegeben
②	t_1	°C	348,5				„
③	i_1	kC/kg	753,0				nach *is*-Tafel
④	p_N	ata	0,6	0,9	1,4	2,0	Angenommen
⑤	i'_N	kC/kg	602,7	618,0	635,5	650,0	nach *is*-Tafel (Abb. 3)
⑥	H'_{I}	„	150,3	135,0	117,5	103,0	= ③ — ⑤
⑦	i_N	„	631,0	644,0	659,2	672,0	nach *is*-Tafel (Abb. 3)
⑧	i'_n	„	549,3	546,5	543,7	541,2	„ „
⑨	H''_{II}	„	81,7	97,5	115,5	130,8	= ⑦ — ⑧
⑩	$\Sigma H'$	„	232,0	232,5	233,0	233,8	= ⑥ + ⑨
⑪	$H'_{\mathrm{I}}:\Sigma H'$	—	0,65	0,58	0,505	0,44	= ⑥ : ⑩
⑫	Σu_{I}^2	m²/s²	280000	250000	218000	190000	= ⑪ · $\Sigma(u^2)$
⑬	Σu_{II}^2	„	150000	180000	212000	240000	= $\Sigma(u^2)$ — ⑫
⑭	u_{I}^2	„	29860	=	=	=	Gegeben
⑮	u_{II}^2	„	63150	=	=	=	„
⑯	Z_{I}	—	9,4	8,4	7,3	6,35	= ⑫ : ⑭
⑰	Z_{II}	—	2,37	2,85	3,35	3,8	= ⑬ : ⑮

Wir wählen 8 Stufen je 1,1 m . . . $\Sigma(u_{\mathrm{I}}^2) = 238900$ m²/s²
3 Stufen je 1,6 m . . . $\Sigma(u_{\mathrm{II}}^2) = 189450$ m²/s²
$\Sigma(u^2) = 428350$ m²/s²

Der gefundene Wert $\sum(u^2)$ weicht nur unwesentlich vom ursprünglich in Aussicht genommenen Wert 430000 ab. Der Zwischendruck p_N liegt nach Zahlentafel 10 in der Gegend von 1,0 ata; der genaue Wert ergibt sich erst bei der Berechnung der einzelnen Stufen des *HD*-Teils.

Wenn der kleinstzulässige Enddruck des *HD*-Teils höher ist als der größtzulässige Anfangsdruck des *ND*-Teils, dann ist zwischen beide Teile noch ein Mitteldruck-(*MD*-)Teil einzuschieben, dessen Durchmesser zwischen dem des *HD*-Teils und dem des *ND*-Teils liegt.

Die plötzliche Änderung des Durchmessers beim Übergang von einer Gruppe zu einer anderen mit größerem Durchmesser hat den Nachteil, daß die Auslaßgeschwindigkeit der letzten Stufe der ersten Gruppe fast vollständig verloren geht.

4. Einfluß der Undichtheit.

Gleichdruckstufen werden meistens als Kammerstufen (Scheibenstufen) ausgeführt. Bei diesen sind die Laufschaufeln auf Radscheiben befestigt, die auf der Welle aufgesetzt sind oder mit ihr aus einem Stück bestehen, während die Düsen in Zwischenböden angebracht sind, die bis nahe an die Welle oder die Radnaben heranreichen. Da auf beiden Seiten der Zwischenböden verschiedener Druck herrscht, fließt ein Teil des Dampfes, der Leckdampf, unter Umgehung der Düsen durch den Spalt zwischen dem Zwischenboden und der Welle oder Nabe hindurch (Abb. 5). Der Spalt ist so ausgebildet, daß der freie Durchflußquerschnitt eine Anzahl von aufeinanderfolgenden Verengungen und Erweiterungen aufweist, die Labyrinthe[1] genannt werden. Diese bewirken, daß durch 1 mm² des Durchflußquerschnittes weniger Dampf hindurchfließt als durch 1 mm² des engsten Düsenquerschnittes f_m. Ist die durch 1 mm² des letzteren fließende Dampfmenge $= \left(\frac{G}{f_m}\right)$, so fließt durch 1 mm² des Spaltquerschnittes die Dampfmenge $\mu \cdot \left(\frac{G}{f_m}\right)$ mit $\mu < 1{,}0$. Ist d_{sp} der Durchmesser und L_{sp} das radiale Spiel der Labyrinthe, so ist der Spaltquerschnitt $F_{sp} = d_{sp} \cdot \pi \cdot L_{sp}$ und die hindurchfließende Dampfmenge

$$G_{sp} = \mu \cdot \left(\frac{G}{f_m}\right) \cdot F_{sp}\,. \tag{29}$$

Die durch die Düsen fließende Dampfmenge ist

$$G_d = \left(\frac{G}{f_m}\right) \cdot \sum f_m \tag{30}$$

und die Stufendampfmenge

$$G_{st} = G_d + G_{sp} = \left(\frac{G}{f_m}\right) \cdot \left(\sum f_m + \mu \cdot F_{sp}\right). \tag{31}$$

Der Beiwert μ hängt von der Form und Anzahl der Labyrinthe und von der Größe der Zuflußgeschwindigkeit c_0 zu den Düsen ab. Das Produkt $\mu \cdot F_{sp}$ soll als gleichwertiger (äquivalenter) Spaltquerschnitt F_g bezeichnet werden.

Zur Bestimmung der Düsenquerschnitte berechnet man zuerst den Wert $\sum f = (\sum f_m + F_g)$, d. i. den Düsenquercshnitt bei einem Spalt $= 0$. Aus der Konstruktion ergibt sich d_{sp} und L_{sp}. Man berechnet oder schätzt μ und findet damit F_g und $\sum (f_m)$.

Im vorderen und hinteren Außendeckel sind ebenfalls Labyrinthdichtungen angebracht. Wenn in der ersten oder der letzten Radkammer Überdruck herrscht, dringt Dampf aus der Turbine nach außen; herrscht dagegen in ihnen Unterdruck, so muß den Labyrinthen Sperrdampf zugeführt werden, um ein Eindringen von Luft in die Turbine zu verhindern. Meistens ist bei den Außendichtungen die Zahl der Labyrinthe größer und das radiale Spiel kleiner, so daß der Beiwert μ niedriger als bei den Labyrinthen der Zwischenböden gesetzt werden kann.

An Stelle der Labyrinthdichtungen werden manchmal auch Kohlestopfbüchsen verwendet, insbesondere bei den Außendichtungen.

[1] Über die Theorie und Konstruktion der Labyrinthdichtungen siehe L. 13, S. 153 u. f. und S. 427, ferner L. 11, S. 59 u. f.

5. Berechnung der einzelnen Stufen.

Wenn man sich für die Bauart der Turbine entschieden und ihre Hauptabmessungen — Einströmung, Abdampfstutzen, Regelung, Stufenzahl und Durchmesser, Schaufellänge der ersten und letzten Stufe — vorläufig festgelegt hat, wird die Turbine entworfen und in bezug auf ihre mechanischen Eigenschaften — kritische Drehzahl, Festigkeit, Schwingungen usw. — nachgerechnet. Hat diese Nachrechnung ergeben, daß die Hauptabmessungen beibehalten werden können, können die einzelnen Stufen berechnet werden.

a) Turbine mit Drosselregelung.

Wir hatten gefunden:

HD-Teil: 8 einkränzige Stufen, 1,1 m ⌀, $\Sigma(u_{\mathrm{I}}^2) = 238900\ \mathrm{m^2/s^2}$
ND-Teil: 3 einkränzige Stufen, 1,6 m ⌀, $\Sigma(u_{\mathrm{II}}^2) = 189450\ \mathrm{m^2/s^2}$
$\Sigma(u^2) = 428350\ \mathrm{m^2/s^2}$,

$p_1 = 13{,}5$ ata, $t_1 = 348{,}5^0$, $J_1 = 753{,}0$ kC/kg, $J_n' = 525$ kC/kg,

$$H_i' = J_1 - J_n' = 228 \text{ kC/kg.} \quad \text{(Abb. 3).}$$

Die Summe der Expansionsgefälle $\sum(h_\varepsilon)$ der einzelnen Stufen ist um die rückgewinnbare Verlustwärme[1] $\varrho \cdot H_i'$ größer als H_i'. Schätzt man $\varrho \cong 0{,}07$, so wird $\sum(h_\varepsilon) = H_i' \cdot (1 + \varrho) \cong 244$ kC/kg. Das mittlere Expansionsgefälle einer Stufe wäre demnach

$$\text{im } HD\text{-Teil } h_{\varepsilon_{\mathrm{I}}} \cong \frac{244 \cdot 238900}{8 \cdot 428350} \cong 16{,}9 \text{ kC/kg},$$

$$\text{im } ND\text{-Teil } h_{\varepsilon_{\mathrm{II}}} \cong \frac{244 \cdot 189450}{3 \cdot 428350} \cong 36{,}2 \text{ kC/kg},$$

wenn ϱ im *HD*- und *ND*-Teil gleich wäre. Da aber ϱ im *HD*-Teil wegen der größeren Stufenzahl größer ist, wird das Expansionsgefälle $\sum h_{\varepsilon_{\mathrm{I}}}$ ebenfalls größer als oben berechnet. Wir wollen für den *HD*-Teil $h_{\varepsilon_{\mathrm{I}}} \cong 17$ kC/kg schätzen. Die Berechnung der *HD*-Stufen wird dann zeigen, ob man diesen Wert in allen Stufen beibehalten kann. Aus der Berechnung ergibt sich dann auch der genaue Wert von p_N.

Berechnung der *HD*-Stufen. Die verfügbare Energie $h_{c'}$ der einzelnen Stufen mit Ausnahme der ersten Stufe ist um die Zuflußenergie h_0 = Auslaßenergie der vorhergehenden Stufen größer als das Expansionsgefälle h_ε. Schätzen wir zunächst $h_0 = 2\%$ von h_ε, so wird $h_{c'} = 17{,}3$ kC/kg. Da bei der ersten Stufe $h_0 \cong 0$ ist, soll ihr Expansionsgefälle h_ε ebenfalls $= 17{,}3$ kC/kg gewählt werden. Der gleichwertige Spaltquerschnitt F_g ist bei der vorderen Außendichtung $= 50$, bei den Zwischendichtungen $= 300\ \mathrm{mm^2}$ geschätzt worden. Die Berechnung der einzelnen Stufen ist in Zahlentafel 11 durchgeführt. Zu einzelnen Reihen dieser Zahlentafel sind Erläuterungen erforderlich.

---
[1] S. 90.

Zahlentafel 11.

	Stufe	Nr.	1	2	3	4	5	6	7	8	
(1)	d	m	1,1	=	=	=	=	=	=	=	Gegeben
(2)	u	m/s	172,8	=	=	=	=	=	=	=	= (1)·π·n:60
(3)	p_1	ata	13,5	10,3	7,87	5,90	4,36	3,15	2,23	1,51	= (6) der vorigen Stufe
(4)	t_1	°C	348,5	317,5	289,5	259	229	198,5	168	136,5	= (84) der vorigen Stufe
(5)	i_1	kC/kg	753,0	739,0	726,0	712,0	698,0	684,0	670,0	656,0	= (83) der vorigen Stufe
(6)	p_2	ata	10,3	7,87	5,90	4,36	3,15	2,23	1,51	1,00	Gewählt
(7)	$i_{c'}$	kC/kg	735,7	722,1	709,1	695,1	681,1	667,2	652,2	638,4	is-Tafel
(8)	h_ε	,,	17,3	16,9	16,9	16,9	16,9	16,8	16,8	17,6	= (5) − (7)
(9)	h_0	,,	0,0	0,4	0,4	0,4	0,4	0,5	0,5	0,5	≅ (76) der vorig. Stufe
(10)	$h_{c'}$	,,	17,3	17,3	17,3	17,3	17,3	17,3	17,3	18,1	= (8) + (9)
(11)	c'	m/s	380,7	380,7	380,7	380,7	380,7	380,7	380,7	389,4	= 91,53·$\sqrt{(10)}$
(12)	$t_{c'}$ ¦ $x_{c'}$	°C ¦ -	311	281	253,5	223	192,5	162	128,5	0,9985	zu (6) und (7) gehör.
(13)	$v_{c'}$	m³/kg	0,2614	0,324	0,4115	0,526	0,683	0,903	1,233	1,724	Zustandsgleichung
(14)	$c'/v_{c'}$	kg/s·m²	1456	1175	925	723	557	421	308,5	226	= (11):(13)
(15)	G/f_m	kg/h·mm²	5,24	4,23	3,33	2,605	2,005	1,432	1,11	0,813	= 3600·(14)·10^{-6}
(16)	G_{st}	kg/h	45000	=	45600	=	=	=	=	=	Gegeben
(17)	Σf	mm²	8750	10820	13700	17500	22750	31800	41000	56100	= (16):(15)
(18)	Fg	,,	—	50¦300	300	=	=	=	=	=	Geschätzt
(19)	Σf_2	,,	8750	10470	13400	17200	22450	31500	40800	55800	= (17) − (18)
(20)	G_{sp}	kg/h	—	200¦1270	1000	780	600	430	330	250	= (15)·(18)
(21)	G_d	,,	45800	44330	44600	44820	45000	45170	45270	45350	= (16) − (20)
(22)	tg α_2	—	0,25	=	=	=	=	=	=	0,26	Gewählt
(23)	sin α_2	—	0,2425	=	=	=	=	=	=	0,2516	= (22) : $\sqrt{1{,}0 + (22)^2}$
(24)	$d \cdot \pi$	mm	3456	=	=	=	=	=	=	=	= 1000·(1)·π
(25)	Z_d	—	56	52	48	44	=	=	40	=	Gewählt
(26)	a_d	mm	61,7	66,4	72	79	=	=	86,4	=	= (24):(25)
(27)	$a_d \cdot \sin \alpha_2$	,,	14,95	16,07	17,46	19,15	=	=	20,95	21,74	= (23)·(26)
(28)	b_{0d}	,,	2,5	=	=	=	=	=	=	=	Gewählt

Zahlentafel 11 (Fortsetzung).

	Stufe	Nr.	1	2	3	4	5	6	7	8	
(29)	b_d	,,	12,45	13,57	14,96	16,65	=	=	18,45	19,24	= (27) — (28)
(30)	Σb_d	,,	697	706	718	732	=	=	738	769,6	= (25) · (29)
(31)	L'_d	,,	12,55	14,82	18,66	23,45	30,65	43,0	55,3	72,5	= (19) : (30)
(32)	L_d	,,	12,6	14,8	18,7	23,5	31	43	55,5	73	Abgerundet
(33)	φ_1	—	0,95	=	=	=	=	=	=	=	Geschätzt
(34)	c_1	m/s	361,7	=	=	=	=	=	=	369,9	= (11) · (33)
(35)	$\cos\alpha_2$	—	0,970	=	=	=	=	=	=	0,9678	= (23) : (22)
(36)	c_{1u}	m/s	350,8	=	=	=	=	=	=	358,0	= (33) · (35)
(37)	w_{1u}	,,	178,0	=	=	=	=	=	=	185,2	= (36) — (2)
(38)	$c_{1a} = w_{1a}$	,,	87,7	=	=	=	=	=	=	93,1	= (23) · (34)
(39)	w_{1u}^2	m^2/s^2	31 684	=	=	=	=	=	=	33 930	= $(37)^2$
(40)	w_{1a}^2	,,	7 691	=	=	=	=	=	=	8 668	= $(38)^2$
(41)	w_1^2	,,	39 375	=	=	=	=	=	=	42 598	= (39) + (40)
(42)	w_1	m/s	198,4	=	=	=	=	=	=	206,4	= $\sqrt{(41)}$
(43)	$\operatorname{tg}\beta_{w1}$	—	0,492	=	=	=	=	=	=	0,502	= (38) : (37)
(44)	$\operatorname{tg}\beta_1$	—	0,50	=	=	=	=	=	=	=	Gewählt
(45)	$\operatorname{tg}\beta_2$	—	0,40	=	=	=	0,45	=	=	0,50	Gewählt
(46)	$\sin\beta_2$	—	0,3714	=	=	=	0,410	=	=	0,4473	= (45) : $\sqrt{1{,}0 + (45)^2}$
(47)	$\cos\beta_2$	—	0,9285	=	=	=	0,911	=	=	0,8945	= (46) : (45)
(48)	ψ_1	—	0,93	=	=	=	=	=	=	=	Geschätzt
(49)	ψ_2	—	0,93	=	=	=	=	=	=	=	Geschätzt
(50)	w'	m/s	184,5	=	=	=	=	=	=	191,9	= (42) · (48)
(51)	w'_a	,,	64,2	=	=	=	75,6	=	=	85,5	= (46) · (50)
(52)	w_{1a}/w'_a	—	1,366	=	=	=	1,093	=	=	1,09	= (38) : (51)
(53)	b_{0s}	mm	0,5	=	=	=	=	=	=	=	Gewählt
(54)	$b_{0s}/\sin\beta_2$	,,	1,345	=	=	=	1,22	=	=	1,118	= (53) : (46)
(55)	a_s	,,	12	=	=	=	=	=	=	=	Gewählt

Nr.	Größe	Einheit	1	2	3	4	5	6	7	8	Formel
(56)	a_{is}	,,	10,655	=	=	=	10,78	=	=	10,822	= (55) − (54)
(57)	e_s	—	1,127	=	=	=	1,112	=	=	1,102	= (55) : (56)
(58)	L_s'/L_d	—	1,538	=	=	=	1,216	=	=	1,202	= (52) · (57)
(59)	L_s'	mm	19,37	22,75	28,8	36,15	37,7	52,3	67,5	87,8	= (32) · (58)
(60)	L_s	,,	20	23	29	37	38	53	68	88	Abgerundet
(61)	$L_s - L_d$	,,	7,4	8,2	10,3	13,5	7,0	10,0	12,5	15,0	= (60) − (32)
(62)	w_2	m/s	171,6	=	=	=	=	=	=	178,5	= (49) · (50)
(63)	w_{2u}	,,	159,3	=	=	=	156,3	=	=	159,7	= (47) · (62)
(64)	Σw_u	,,	337,3	=	=	=	334,3	=	=	344,9	= (37) + (63)
(65)	c'^2	m^2/s^2	145000	=	=	=	=	=	=	151800	= 8380 · (10)
(66)	η_u'	—	0,805	=	=	=	0,797	=	=	0,785	= 2,0 · (2) · (64) : (65)
(67)	h_u	kC/kg	13,93	=	=	=	13,78	=	=	14,2	= (10) · (66)
(68)	c_{2u}	m/s	−13,5	=	=	=	−16,5	=	=	−13,1	= (63) − (2)
(69)	$w_{2a} = c_{2a}$	,,	63,7	=	=	=	70,3	=	=	80,0	= (46) · (62)
(70)	c_{2u}^2	m^2/s^2	182	=	=	=	272	=	=	172	= (68)²
(71)	c_{2a}^2	,,	4058	=	=	=	4942	=	=	6400	= (69)²
(72)	c_2^2	,,	4240	=	=	=	5214	=	=	6572	= (70) + (71)
(73)	c_2	m/s	65,1	=	=	=	72,2	=	=	81,1	= $\sqrt{(72)}$
(74)	φ_2	—	0,85	=	=	=	=	=	=	0	Geschätzt
(75)	c_3	m/s	55,3	=	=	=	61,4	=	=	0	= (73) · (74)
(76)	h_{c3}	kC/kg	0,36	=	=	=	0,45	=	=	0	= (75)² : 8380
(77)	$h_u + h_{c3}$	,,	14,29	=	=	=	14,23	=	=	14,2	= (67) + (76)
(78)	$(h_u + h_{c3}) : h_{c'}$	—	0,826	=	=	=	0,8225	=	=	0,784	= (77) : (10)
(79)	G_d/G_{st}	—	1,0	0,968	0,978	0,983	0,987	0,990	0,992	0,995	= (21) : (16)
(80)	η_{st}	—	0,826	0,799	0,808	0,812	0,812	0,8145	0,816	0,780	= (78) · (79)
(81)	z_{st}	kC/kg	3,01	3,5	3,32	3,25	3,24	3,20	3,15	3,97	= (10) · [1,0 − (80)]
(82)	i_2	,,	738,71	725,6	712,42	698,35	684,34	670,4	655,35	642,37	= (7) + (81)
(83)	i_2	,,	739,0	726,0	712,0	698,0	684,0	670,0	656,0	643,0	Abgerundet
(84)	t_2	°C	317,5	289,5	259	229	198,5	168	136,5	107	zu (6) und (83) gehörig
(85)	N_u	kW	741	717	722	725	720	722	725	748	= (21) · (67) : 860
(86)	ΣN_u	,,					5820				= Σ (85)

Zu (6). Der Gegendruck p_2 der Einzelstufen ist derart gewählt, daß die verfügbare Energie $h_{c'}$ in möglichst vielen Stufen gleich ist. Man kann natürlich auch in jeder Stufe für $h_{c'}$ einen anderen Wert wählen. Beispielsweise wird oft für die erste Stufe ein größeres Gefälle gewählt, um den Druck p_2 in der ersten Radkammer zu erniedrigen und die Leckverluste der vorderen Außendichtung zu verringern. Namentlich bei Turbinen kleinerer Leistung kann dies nötig sein[1]. Zum Ausgleich hierfür müssen andere Stufen ein kleineres als das mittlere Gefälle erhalten.

Zu (9). Die Zuflußgeschwindigkeit c_0 zu den Düsen der ersten Stufe ist $= 0$ gesetzt worden; selbstverständlich hat c_0 stets einen endlichen, wenn auch meist kleinen Wert. Man könnte deshalb für h_0 auch einen kleinen Wert, beispielsweise 0,1 kC/kg, einsetzen.

Zu (14). Wie bereits oben[2] ausgeführt, ist angenommen, daß die Strömung bis zum allseitig umschlossenen Austrittsquerschnitt f_2 (Abb. 6) verlustfrei ist. Man könnte aber auch die bis f_2 auftretenden Verluste bei der Rechnung berücksichtigen und würde dann für die Düsenendhöhe L'_d (31) etwas größere Werte erhalten. Schätzt man die Strömungsverluste bis f_2 beispielsweise auf 2% von $h_{c'}$, so würde man eine um etwas mehr als 1% größere Düsenendhöhe L'_d errechnen. Ein solcher Unterschied liegt, namentlich bei den Stufen mit kleiner Düsenhöhe, innerhalb der Genauigkeit von Rechnung und Ausführung, weshalb sich die umständlichere Rechnung meist nicht recht lohnt. Es steht aber nichts im Wege, für die Strömungsverluste auf die berechnete Düsenendhöhe L'_d einen den geschätzten Verlusten entsprechenden Zuschlag zu machen.

Zu (16) bis (21). Zu den Düsen der ersten Stufe ist kein Spaltquerschnitt parallel geschaltet (Abb. 5). Deshalb ist bei ihr die Stufendampfmenge G_{st} = der Düsendampfmenge G_d. Zu den Düsen der zweiten Stufe ist sowohl die vordere Außendichtung als auch die erste Zwischendichtung parallel geschaltet. Ein Teil des gesamten Dampfes (ca. 200 kg/h) verläßt die Turbine durch die vordere Abdichtung und arbeitet in den folgenden Stufen nicht mehr mit; deshalb ist von Stufe 3 an die Stufendampfmenge G_{st} von 45800 um 200 auf 45600 kg/h herabgesetzt. Der die vordere Abdichtung verlassende Dampf kann als Sperrdampf der hinteren Abdichtung zugeführt werden. Braucht diese weniger Sperrdampf, so wird der Rest in den Abdampfstutzen abgesaugt; braucht sie aber mehr Sperrdampf, so muß ihr außerdem noch gedrosselter Frischdampf zugeführt werden. Der in Reihe (18) angegebene Wert des äquivalenten Spaltquerschnittes F_g ist geschätzt. Bei auszuführenden Turbinen muß er aber auf Grund der Konstruktionszeichnungen ermittelt werden.

Zu (22) bis (32). Die Dampfgeschwindigkeit ist in allen Stufen kleiner als die zugehörige Schallgeschwindigkeit; deshalb ist keine Quer-

[1] S. 30. [2] S. 10.

schnittserweiterung erforderlich und die Richtung α_{c1} des Dampfstrahls ist gleich dem Austrittswinkel α_2 der Düsen. Es empfiehlt sich, bei der Berechnung der ersten Stufe probeweise für α_2 und die Düsenzahl (25) verschiedene Werte einzusetzen. Damit erhält man verschiedene Werte von b_d (29) und L'_d (31). Von den berechneten Werten ist dann einer auszusuchen. Bezüglich der Wahl von L'_d siehe S. 25. Die Düsenzahl darf nicht zu groß gewählt werden, damit b_d nicht zu klein wird. Je kleiner b_d ist, um so größer sind die Düsenverluste. b_d sollte, wenn möglich, mindestens $= 10$ mm gewählt werden. Anderseits darf die Düsenzahl aber auch nicht zu klein gewählt werden, weil sonst der von einer Düse beaufschlagte Teil des Umfanges zu groß wird, was die Konstruktion der Düsen erschweren und außerdem die Strömung in ihr ungünstig beeinflussen kann. Bei voll beaufschlagten Stufen kann man bis auf 40 Düsen am Umfang mit Sicherheit heruntergehen; es ist aber möglich, daß auch eine kleinere Düsenzahl noch günstig ist.

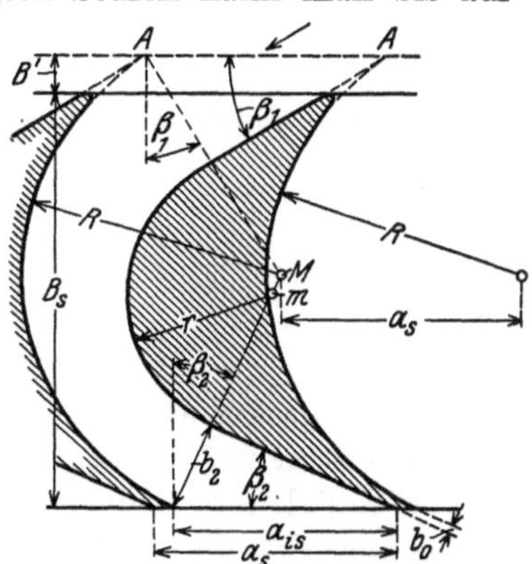

Abb. 23. Profil einer Gleichdruckschaufel.

Zu (33). Der Einfachheit halber ist in allen Stufen $\varphi_1 = 0{,}95$ gesetzt worden. In Wirklichkeit wird φ_1 wegen des größer werdenden Düsenquerschnittes von Stufe zu Stufe größer. Wegen der Unkenntnis des Düsenverlustes ist aber von der Berücksichtigung dieser Verschiedenheit abgesehen worden. Die errechneten Abmessungen werden von der Wahl von φ_1 nur in geringem Maße beeinflußt.

Zu (43) bis (45). Die auszuführenden Werte von $\operatorname{tg}\beta_1$ sind abgerundet, aber nur so weit, daß sie von $\operatorname{tg}\beta_{w1}$ nur geringfügig abweichen. In Abb. 23 ist die Konstruktion eines Schaufelprofils wiedergegeben; hierbei ist der Eintritt in den Schaufelkanal nach den Vorschlägen des Verfassers ausgebildet. Über die Wahl von $\operatorname{tg}\beta_2$ siehe die Bemerkung zu (52) bis (58).

Zu (48) und (49). In allen Stufen ist $\psi_1 = \psi_2 = 0{,}93$ gesetzt. In Wirklichkeit sind beide Werte voneinander verschieden; außerdem ändern sie sich von Stufe zu Stufe.

Zu (52) bis (58). Wir hatten angenommen, daß die Strömung bis zum Querschnitt f_2 (Abb. 6) verlustfrei ist unddaß die Verluste erst zwischen f_2 und dem Laufschaufeleintritt entstehen. Infolgedessen muß sich der Strahl im Schrägabschnitt und im Spalt verbreitern. Diese Verbreiterung erfolgt, namentlich bei den langen Schaufeln, zum größten Teil in der Umfangsrichtung und zu einem kleineren Teil auch in radialer Richtung. Wir wollen aber annehmen, daß sich der Strahl nur in der Umfangsrichtung von a_{id} auf a_{c1} verbreitert (Abb. 6) und daß die radiale Endhöhe des Strahles auch im Spalt gleich der Düsenendhöhe L_d ist. Dann ist die durch eine Düse fließende Dampfmenge

$$G_d = \frac{a_{c1} \cdot L_d \cdot c_{1a}}{v_{c1}}. \tag{32}$$

und die Dampfmenge je 1 mm Umfang

$$\frac{G_d}{a_{c1}} = L_d \cdot \frac{c_{1a}}{v_{c1}}.$$

Da a_{c1} in der Regel ein mehrfaches der Schaufelteilung a_s ist und von einer Düse gleichzeitig mehrere Schaufelkanäle beaufschlagt werden, muß durch einen mitten im Düsenstrahl befindlichen Schaufelkanal die Dampfmenge

$$G_s = \frac{G_d}{a_{c1}} \cdot a_s = L_d \cdot \frac{w_{1a} \cdot a_s}{v_{c1}} \tag{33}$$

fließen. Für G_s besteht aber auch die Beziehung

$$G_s = a_{is} \cdot L_s \cdot \frac{w'_a}{v_{w'}}. \tag{34}$$

Damit wird

$$\frac{L_s}{L_d} = \frac{w_{1a} \cdot a_s \cdot v_{w'}}{w'_a \cdot a_{is} \cdot v_{c1}}. \tag{35}$$

$v_{w'}$ ist etwas größer als $v_{c'}$; dieser Unterschied ist um so geringer, je kleiner das Stufengefälle ist. Die Vernachlässigung dieses Unterschiedes und der radialen Strahlverbreiterung bewirkt, daß die berechnete Schaufellänge L'_s etwas kleiner wird als sie eigentlich werden sollte. Diesen Fehler kann man dadurch ausgleichen, daß man die berechnete Schaufellänge nach oben abrundet. Es wird also

$$\frac{L'_s}{L_d} = \frac{w_{1a}}{w'_a} \cdot \frac{a_s}{a_{is}} = \frac{w_{1a}}{w'_a} \cdot e_s. \tag{35a}$$

Hieraus geht hervor, daß L_s um so kleiner wird, je größer w'_a bzw. der Winkel β_2 gewählt wird. Man kann demnach durch geeignete Wahl von β_2 für die Schaufellänge L_s innerhalb gewisser Grenzen beliebige Werte erhalten.

Die Schaufellänge L_{s1} am Eintritt muß etwas größer als L_d gewählt werden, einmal, weil sich die radiale Strahlhöhe im Spalt zwischen Düsen und Schaufeln gegenüber L_d infolge der Strömungsverluste etwas vergrößert, ferner, um den Ausführungsungenauigkeiten Rechnung zu tragen. Die Schaufellänge L_s am Austritt sollte mindestens $= L_{s1}$ sein. Damit aber β_2 nicht zu groß wird, pflegt man $L_s > L_{s1}$ zu machen, muß aber darauf achten, daß die Schaufelbegrenzung nicht zu stark divergiert. Aus diesem Grunde ist tg β_2 in Stufe *5* bis *7* auf 0,45 und in Stufe *8* auf 0,50 erhöht worden. Es empfiehlt sich, bei der Berechnung sofort den Schaufelplan (Abb. 24) und die Geschwindigkeitsdreiecke (Abb. 25) aufzuzeichnen.

Zu (60). Die Abrundung erfolgt einmal nach dem vorher erwähnten Gesichtspunkt. Ferner ist zu beachten, daß der Wert ψ dann am besten

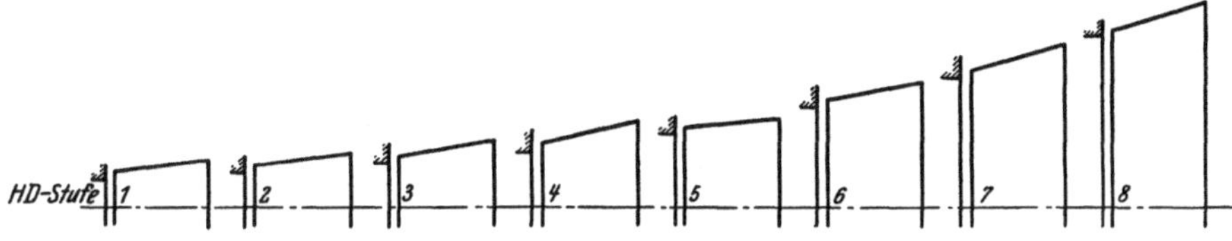

Abb. 24. Schaufelplan der *HD*-Stufen.

ist, wenn der Strahl den Schaufelkanal voll ausfüllt. Ist der Schaufelkanal größer als der Strahlquerschnitt, so wird ψ schlechter. Wegen der ungenügenden Kenntnis der Schaufelverluste und der Ungenauigkeit der Ausführung ist es aber kaum möglich, den Kanalquerschnitt gerade so groß zu machen, daß ihn der Strahl voll, aber ohne Stau ausfüllt. Ist der Kanalquerschnitt kleiner als der berechnete Strahlquerschnitt, so tritt ein Stau auf; der Dampf expandiert in den Düsen nicht bis auf den Gegendruck, sondern auf einen höheren Druck, und der Rest der Expansion findet im Laufschaufelkanal statt, so daß die Stufe mit Überdruckwirkung arbeitet[1]. Da dann auf beiden Seiten des Laufrades verschiedener Druck herrscht, tritt ein Axialschub auf. Will man diesen vermeiden, so muß man auf die berechnete Schaufellänge noch einen Zuschlag machen, der der Rechnungs- und Ausführungsungenauigkeit, ferner auch der im Laufe der Zeit durch Ablagerungen usw. eintretenden Kanalverengerung Rechnung trägt. Hier ist man auf Schätzungen angewiesen. Jedenfalls muß ein solcher Zuschlag, wenn man eine Überdruckwirkung mit Sicherheit vermeiden will, mehrere Millimeter betragen. Die durch die Vergrößerung des Kanalquerschnittes verursachte Verschlechterung des Wirkungsgrades muß man dann in den Kauf nehmen.

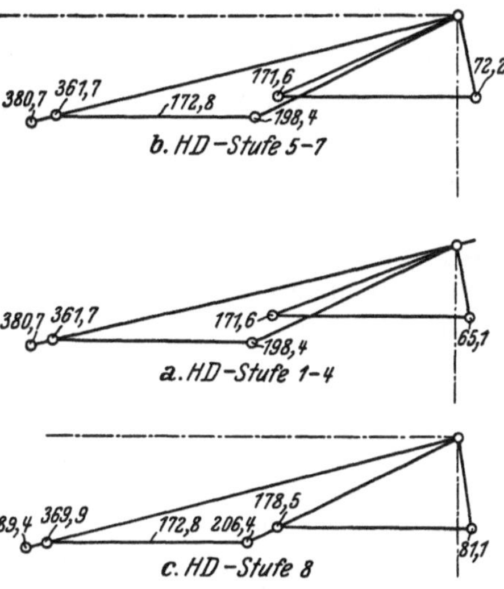

Abb. 25. Geschwindigkeitsplan der *HD*-Stufen.

[1] S. 67 u. f.

Zu (80). Die Geschwindigkeit c_3 (75) setzt sich nicht in Wärme um; für die Berechnung des Endzustandes des Dampfes bzw. des Anfangszustandes der folgenden Stufe ist demnach h_{c3} als Nutzgefälle anzusehen. Die Nutzleistung in diesem Sinne ist $G_d \cdot (h_u + h_{c3})$. Die theoretische Leistung ist $G_{st} \cdot h_{c'}$. Also ist der entsprechende Stufenwirkungsgrad

$$\eta_{st} = \frac{G_d \cdot (h_u + h_{c3})}{G_{st} \cdot h_{c'}}. \tag{36}$$

Damit ergibt sich der in Dampfwärme umgewandelte Stufenverlust

$$z_{st} = h_{c'} \cdot (1 - \eta_{st}) \tag{37}$$

und der Anfangszustand der folgenden Stufe

$$i_2 = i_{c'} + z_{st}. \tag{38}$$

Zu (83). Die errechneten Werte von i_2 sind auf ganze Zahlen abgerundet.

Berechnung der *ND*-Stufen. Wir hatten gefunden[1], daß der *ND*-Teil aus 3 Stufen von 1,6 m Durchmesser bestehen soll. Den Anfangszustand des Dampfes, der mit dem Endzustand des *HD*-Teils identisch ist, hatten wir in Zahlentafel 11 gefunden

$$p_N = 1{,}0\,\text{ata}, \qquad t_N = 107^0, \qquad i_N = 643\,\text{kC/kg}.$$

Da die Umfangsgeschwindigkeit der *ND*-Räder $u_N = 251{,}3$ m/s ist, ist die Dampfgeschwindigkeit c' mindestens $= 500$ m/s, d. i. erheblich größer als die zugehörige Schallgeschwindigkeit, die im *ND*-Teil höchstens etwa 450 m/s beträgt. Infolgedessen muß die Berechnung zum Teil etwas anders durchgeführt werden als in Zahlentafel 11. Der kritische Druck p_m im engsten Düsenquerschnitt kann bei gesättigtem Dampf genügend genau durch die Gleichung

$$p_m \cong 0{,}58 \cdot p_1 \tag{39}$$

ausgedrückt werden, wenn die Zuflußgeschwindigkeit c_0 zu den Düsen $= 0$ ist. Dies ist aber nur bei der ersten *ND*-Stufe der Fall, da von der Auslaßgeschwindigkeit aus dem letzten Rad des *HD*-Teils infolge des Überganges zum größeren Durchmesser nur ein kleiner Teil erhalten bleibt und dieser im Verhältnis zum großen Stufengefälle des *ND*-Teils vernachlässigbar klein ist. Bei Stufe *2* und *3* des *ND*-Teils ist aber c_0 nicht zu vernachlässigen. Infolgedessen ist in Gl. (39) an Stelle von p_1 ein etwas höherer Druck p_1' einzusetzen. Dieser Druck ist in Wirklichkeit nicht vorhanden, sondern nur gedacht; er ist der Druck, der sich bei der gegebenen Dampfmenge vor den Düsen einstellen würde, wenn $c_0 = 0$ wäre. Es ist also so zu rechnen, wie wenn die Geschwindigkeit c_0 erst durch adiabatische Expansion von p_1' auf p_1 entsteht; siehe Abb. 26.

[1] S. 38.

Da sich der Gegendruck p_n hinter dem letzten Rade auch bei gleichbleibender Belastung infolge der unvermeidlichen Schwankungen der Kühlwassertemperatur verändert, die Turbine aber auch bei anderen Gegendrücken als dem normalen innerhalb nicht zu weiter Grenzen noch einen möglichst guten Wirkungsgrad haben soll, ist es zweckmäßig, die Berechnung der *ND*-Stufen nicht nur für den normalen Gegendruck $p_n = 0{,}055$ ata, sondern auch noch für mindestens einen niedrigeren und einen höheren Gegendruck durchzuführen. In allen 3 Fällen ist, wie sich bei der Berechnung zeigen wird, der Gegendruck der letzten Stufe kleiner als der kritische Druck, Gl. (39); deshalb ändert sich mit p_n nur das Gefälle der letzten Stufe, nicht aber der Druck vor ihr.

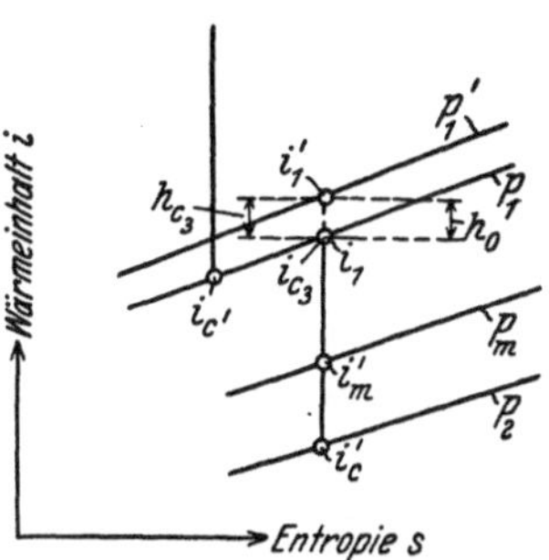

Abb. 26. *is*-Diagramm einer *A*-Stufe mit Überschallgeschwindigkeit.

Die Berechnung der *ND*-Stufen ist in Zahlentafel 12 durchgeführt. Ein Teil der Bemerkungen zu Zahlentafel 11 gilt auch für Zahlentafel 12 und braucht deshalb nicht noch einmal wiederholt zu werden. Es sind aber noch einige weitere Erläuterungen notwendig.

Zu (33) und (34). q' ist das Erweiterungsverhältnis des Dampfstrahls bei verlustfreier Expansion und q das konstruktive Erweiterungsverhältnis der Düsen. In allen 3 Stufen des *ND*-Teils ist $q' > 1{,}0$, d. h. die Dampfgeschwindigkeit c' ist größer als die Schallgeschwindigkeit. Der Strahlquerschnitt nimmt also vom engsten Düsenquerschnitt an zu. Verwendet man hierbei nichterweiterte Düsen mit $q = 1{,}0$, so wird der Strahl im Schrägabschnitt und im Spalt von der Richtung der Düsenachse abgelenkt[1], und zwar um so mehr, je größer q' ist. Mit zunehmender Strahlablenkung wächst aber auch die Streuung des Strahles. Deshalb sollten nichterweiterte Düsen bei Überschallgeschwindigkeit nach Möglichkeit nur verwendet werden, solange die Strahlablenkung nur gering ist.

Jedenfalls kann man nichterweiterte Düsen immer dann anwenden, wenn q' so klein ist, daß eine genaue Ausführung des erforderlichen Erweiterungsverhältnisses praktische Schwierigkeiten bereitet. Zu stark erweiterte Düsen sind schädlicher als zu wenig erweiterte; deshalb sollte man mit Rücksicht auf eine mögliche Ungenauigkeit der Ausführung den Düsen lieber eine etwas kleinere Erweiterung als berechnet geben. Diese Forderung kann man bei der Berechnung dadurch berücksichtigen, daß man die Erweiterung für verlustfreie Strömung berechnet. Würde man die Strömungsverluste genau kennen und berücksichtigen, so würde sich bei der Berechnung ein größeres Erweite-

[1] L. 4.

Zahlentafel 12.

	ND-Stufe	Nr.	1	2	3			
(1)	d	m	1,6	=	=			Gegeben
(2)	u	m/s	251,3	=	=			= (1) $\cdot \pi \cdot n : 60$
(3)	p_1'	ata	1,00	(0,431)	(0,173)			= (104) der vorigen Stufe
(4)	p_1	„	1,00	0,42	0,164			= (24) der vorigen Stufe
(5)	$t_1 \vdots x_1$	°C $\vdots$ —	107	x=0,972	0,944			= (103) der vorigen Stufe
(6)	i_1	kC/kg	643,0	615,0	589,0			= (101) der vorigen Stufe
(7)	p_m	ata	0,58	0,25	0,10			= ~0,58 $\cdot$ (3)
(8)	i_m'	kC/kg	621,6	596,3	572,7			*is*-Tafel
(9)	$h_{\varepsilon m}$	„	21,4	18,7	16,3			= (6) − (8)
(10)	$h_{c o}$	„	0	1,1	1,5			= (90) der vorigen Stufe
(11)	h_m'	„	21,4	19,8	17,8			= (9) + (10)
(12)	c_m'	m/s	423,4	407,3	386,2			$= 91{,}53 \cdot \sqrt{(11)}$
(13)	x_m'	—	0,979	0,9495	0,924			zu (7) und (8) gehörig
(14)	v_m''	m^3/kg	2,875	6,325	14,96			nach Dampftab. bei (7)
(15)	v_m'	„	2,816	6,005	13,82			= (13) $\cdot$ (14)
(16)	c_m'/v_m'	$kg/s \cdot m^2$	1504	677	279			= (12) : (15)
(17)	G_m/f_m	$kg/h \cdot mm^2$	0,541	0,244	0,101			$= 3600 \cdot$ (16) $\cdot 10^{-6}$
(18)	G_{st}	kg/h	45600	=	=			= Gegeben
(19)	Σf	mm^2	84200	187000	451000			= (18) : (17)
(20)	F_g	„	500	=	=			Geschätzt
(21)	Σf_m	„	83700	186500	450500			= (19) − (20)
(22)	G_{sp}	kg/h	270	120	50			= (17) $\cdot$ (20)
(23)	G_d	„	45330	45480	45550			= (18) − (22)
(24)	p_2	ata	0,42	0,164	0,06	0,055	0,050	Gewählt
(25)	$i_{c'}$	kC/kg	609,4	582,9	556,6	553,8	550,9	*is*-Tafel
(26)	h_ε	„	33,6	33,1	32,4	35,2	38,1	= (6) − (25)
(27)	$h_{c'}$	„	33,6	34,2	33,9	36,7	39,6	= (10) + (26)
(28)	c'	m/s	530,6	535,3	532,9	554,5	576,0	$= 91{,}53 \cdot \sqrt{(27)}$
(29)	$x_{c'}$	—	0,963	0,9335	0,904	0,901	0,8975	zu (24) und (25) gehörig
(30)	v_2''	m^3/kg	3,88	9,36	24,19	26,2	28,73	Dampftabellen bei (24)
(31)	$v_{c'}$	„	3,74	8,75	21,87	23,6	25,8	= (29) $\cdot$ (30)
(32)	$c'/v_{c'}$	$kg/s \cdot m^2$	1420	611	243,5	235	223	= (28) : (31)
(33)	q'	—	1,060	1,108	1,145	1,185	1,250	= (16) : (32)
(34)	q	—	1,00	1,10	1,145	=	=	Gewählt
(35)	Σf_2	mm^2	83700	205150	516000	=	=	= (21) $\cdot$ (34)
(36)	$d \cdot \pi$	mm	5026,5	=	=	=	=	= (1) $\cdot \pi$
(37)	Z_d	—	48	44	40	=	=	Gewählt
(38)	a_d	mm	104,6	114	125,7	=	=	= (36) : (37)
(39)	$\operatorname{tg} \alpha_2$	—	0,23	0,28	0,34	=	=	Gewählt
(40)	$\sin \alpha_2$	—	0,2242	0,2696	0,3219	=	=	= (39) : $\sqrt{1{,}0 + (39)^2}$
(41)	$a_d \cdot \sin \alpha_2$	—	23,45	30,73	40,5	=	=	= (38) $\cdot$ (40)

Zahlentafel 12 (Fortsetzung).

	ND-Stufe	Nr.	1	2	3			
(42)	b_0	mm	2,5	2,0	2,0	=	=	Gewählt
(43)	b_2	„	20,95	28,73	38,5	=	=	= (41) − (42)
(44)	Σb_2	„	1005	1265	1540	=	=	= (37) · (43)
(45)	L_d'	„	83,3	162,0	335	=	=	= (21) : (44)
(46)	L_d	„	83,5	162	335	=	=	Abgerundet
(47)	b_m	„	20,95	26,1	35,5	=	=	= (43) : (34)
(48)	q'/q	—	1,060	1,007	1,00	1,035	1,090	= (33) : (34)
(49)	$\sin \alpha_{e1}$	—	0,238	0,2715	0,3219	0,3332	0,3509	= (40) · (48)
(50)	$\operatorname{tg} \alpha_{e1}$	—	0,2450	0,2821	0,3400	0,3534	0,3747	$= (49) : \sqrt{1{,}0 - (49)^2}$
(51)	$\cos \alpha_{e1}$	—	0,9710	0,9625	0,9468	0,9429	0,9365	= (49) : (50)
(52)	φ_1	—	0,95	=	=	=	=	Geschätzt
(53)	c_1	m/s	504,1	508,5	506,3	526,8	547,2	= (28) · (52)
(54)	c_{1u}	„	489,5	489,5	479,3	496,7	512,4	= (51) · (53)
(55)	w_{1u}	„	238,2	238,2	228,0	245,4	261,1	= (54) − (2)
(56)	$c_{1a} = w_{1a}$	„	120,0	138,0	163,0	176	192	= (49) · (53)
(57)	w_1^{2u}	m²/s²	56740	56740	51984	60221	68173	= (55)²
(58)	w_{1a}^2	„	14400	19044	26569	30976	36864	= (56)²
(59)	w_1^2	„	71140	75784	78553	91197	104837	= (57) + (58)
(60)	w_1	m/s	266,7	275,3	280,3	302,0	323,8	$= \sqrt{(59)}$
(61)	$\operatorname{tg} \beta_{w1}$	—	0,503	0,580	0,715	0,717	0,735	= (56) : (55)
(62)	$\operatorname{tg} \beta_1$	—	0,50	0,60	0,72	=	=	Gewählt
(63)	$\operatorname{tg} \beta_2$	—	0,50	0,60	0,80	=	=	Gewählt
(64)	$\cos \beta_2$	—	0,8945	0,8575	0,7809	=	=	$= 1{,}0 : \sqrt{1{,}0 + (63)^2}$
(65)	$\sin \beta_2$	—	0,4472	0,5145	0,6247	=	=	= (63) · (64)
(66)	ψ_1	—	0,94	=	=	=	=	Geschätzt
(67)	ψ_2	—	0,94	=	=	=	=	Geschätzt
(68)	w'	m/s	250,7	258,8	263,5	283,9	304,4	= (60) · (66)
(69)	w_a'	„	112,3	133,2	164,7	177,3	190,3	= (65) · (68)
(70)	w_{1a}/w_a'	—	1,068	1,037	0,989	0,992	1,009	= (56) : (69)
(71)	B_s	mm	20	25	35	=	=	Gewählt
(72)	a_s	„	12	15	21	=	=	Gewählt
(73)	b_{0s}	„	0,5	0,6	0,85	=	=	Gewählt
(74)	$b_{0s}/\sin \beta_2$	„	1,117	1,165	1,32	=	=	= (73) : (65)
(75)	a_{is}	„	10,883	13,835	19,68	=	=	= (72) − (74)
(76)	e	—	1,102	1,083	1,067	=	=	= (72) : (75)
(77)	L_s'/L_d	—	1,178	1,123	1,054	1,058	1,077	= (70) · (76)
(78)	L_s'	mm	98,4	182,1	353	354,5	361	= (46) · (77)
(79)	L_s	„	99	182	355	=	=	Abgerundet
(80)	w_2	m/s	235,7	243,3	247,7	266,9	286,1	= (68) · (67)
(81)	w_{2u}	„	210,8	208,6	193,5	208,4	223,5	= (64) · (80)
(82)	c_{2u}	„	−40,5	−42,7	−57,8	−42,9	−27,8	= (81) − (2)
(83)	$w_{2a} = c_{2a}$	„	105,5	125	154,7	166,8	178,8	= (65) · (80)
(84)	c_{2u}^2	m²/s²	1640	182,3	3341	1840	773	= (82)²

Zahlentafel 12 (Fortsetzung).

	ND-Stufe	Nr.	1	2	3			
(85)	c_{2a}^2	m²/s²	11130	15625	23930	27820	31970	= (83)²
(86)	c_2^2	„	12770	17448	27271	29660	32743	= (84) + (85)
(87)	c_2	m/s	113	132,1	165,2	172,2	181,0	$=\sqrt{(86)}$
(88)	φ_2	—	0,85	=	0	0	0	Geschätzt
(89)	c_3	m/s	96,0	112,3	0	0	0	= (87) · (88)
(90)	h_{c3}	kC/kg	1,1	1,5	0	0	0	= (89)² : 8380
(91)	Σw_u	m/s	449	446,8	421,5	453,8	484,6	= (55) + (81)
(92)	c'^2	m²/s²	281600	286600	284000	307500	331800	= 8380 · (27)
(93)	η_i'	—	0,801	0,785	0,747	0,742	0,734	= 2,0 · (2) · (91) : (92)
(94)	h_i	kC/kg	26,9	26,9		27,25		= (27) · (93)
(95)	$h_i + h_{c3}$	„	28,0	28,4		=		= (90) + (94)
(96)	$(h_i + h_{c3}) : h_{c'}$	—	0,833	0,83		0,742		= (95) : (27)
(97)	G_d/G_{st}	—	0,993	0,997		0,999		= (23) : (18)
(98)	η_{st}	—	0,827	0,828		0,741		= (96) · (97)
(99)	z_{st}	kC/kg	5,8	5,9		9,5		= (27) · [1,0 − (98)]
(100)	i_2	„	615,2	588,8		563,3		= (25) + (99)
(101)	„	„	615,0	589,0				Abgerundet
(102)	x_2	—	0,972	0,944		0,917		zu (24) und (101) gehörig
(103)	i_2'	kC/kg	616,1	590,5				= (101) + (90)
(104)	p_2	ata	(0,431)	(0,173)				zu (103) gehörig
(105)	N_i	kW	1448	1450		1442		= (23) · (94) : 860
(106)	ΣN_i	„				4340		= Σ (105)

rungsverhältnis ergeben. Das für verlustfreie Expansion berechnete Erweiterungsverhältnis q' ist also kleiner als das tatsächliche Erweiterungsverhältnis des Dampfes.

Bei der letzten Stufe ändert sich q' mit dem Gefälle; da man aber die Düsen nur für einen bestimmten Wert von q' passend machen kann,

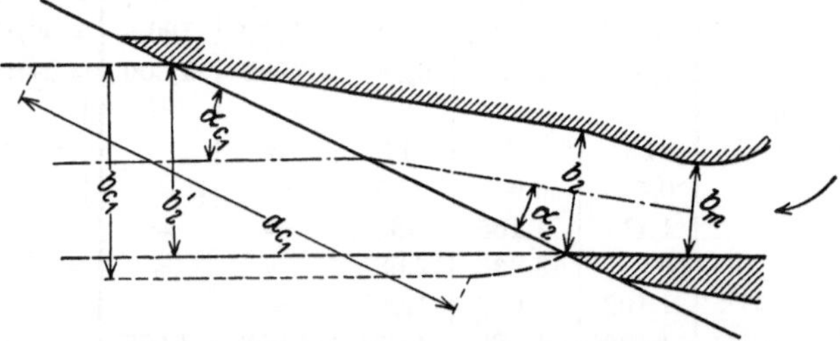

Abb. 27. Erweiterte Düse mit Strahlablenkung.

muß man die Strahlablenkung bei Veränderung des Gefälles in den Kauf nehmen und den Eintrittswinkel β_1 der Laufschaufeln so wählen, daß der Stoßwinkel $\beta_1 - \beta_{w1}$ möglichst klein ist.

Zu (48) und (49). Ist q kleiner als q', so kann man die Strahlablenkung näherungsweise nach der Kontinuitätsgleichung berechnen. Der Düsenendquerschnitt ist $f_2 = q \cdot f_m$ (Abb. 27), der Strahlquerschnitt $f_2' = q' \cdot f_m$. Ist die Düsenhöhe L_d gleich der radialen Strahlhöhe, so ist $f_2 = b_2 \cdot L_d$, $f_2' = b_2' \cdot L_d$ und $\frac{b_2'}{q'} = \frac{b_2}{q}$. Ist α_2 der Düsenaustrittswinkel und α_{c1} der Strahlwinkel, so ist $\frac{b_2'}{\sin \alpha_{c1}} = \frac{b_2}{\sin \alpha_2}$ (Abb. 27). Diese auf Grund der Kontinuitätsgleichung aufgestellte Formel ist nur bei kleinen Werten der Strahlablenkung genügend genau; bei starker Ablenkung führt sie zu unrichtigen Ergebnissen[1].

Zu (52). φ_1 ist ebenso wie bei den *HD*-Düsen = 0,95 gewählt worden, obwohl sich die Düsenverluste des *HD*-Teils von denen des *ND*-Teils unterscheiden. Bei letzteren bewirken die größeren Düsenquerschnitte eine Verringerung, die Dampfnässe[2] und die größere Fächerung dagegen eine Erhöhung der Düsenverluste. Da diese Einflüsse einander entgegenwirken, ohne daß man sie genau berechnen kann, soll näherungsweise angenommen werden, daß sie einander aufheben.

Bei langen Schaufeln ist die Umfangsgeschwindigkeit am Schaufelende (Schaufelkopf) wesentlich größer als am Schaufelfuß, so daß auch die Richtung β_{w1} der relativen Eintrittsgeschwindigkeit an beiden Stellen sehr verschieden ist. Beispielsweise ist bei 1,6 m mittlerem Durchmesser, 0,35 m Schaufellänge, $c_1 = 526{,}8$ m/s und tg $\alpha_{c1} = 0{,}3534$

		am Fuß	Mitte	am Kopf
die Umfangsgeschwindigkeit	u m/s	196,3	251,3	306,3
	w_{1u} „	300,4	245,4	190,4
	w_1 „	348,0	301,8	259,0
	tg β_{w1}	0,584	0,715	0,920
	β_{w1}	$\sim 30^0$	$\sim 35{,}5^0$	$\sim 42{,}5^0$

Demgemäß muß der Eintrittswinkel von Kopf zu Fuß größer werden. Derartige Schaufeln werden als „verwundene“ Schaufeln bezeichnet[3].

In Abb. 28a, 28b und 28c sind die Geschwindigkeitsdreiecke der 3 Stufen aufgezeichnet, in Abb. 29 der Schaufelplan.

Nach Zahlentafel 11 und 12 findet man die innere Leistung

$$\begin{array}{lrl} \text{des } HD\text{-Teils} & N_{\mathrm{I}} = & 5820 \text{ kW} \\ \text{des } ND\text{-Teils} & N_{\mathrm{II}} = & 4340 \text{ kW} \\ \hline \text{der Turbine} & N_i = & 10160 \text{ kW}. \end{array}$$

Schätzt man, wie Seite 8, den mechanischen Wirkungsgrad der Turbine, $\eta_T \cong 0{,}985$, so ergibt sich eine effektive Leistung an der Kupplung der Turbine $N_e \cong 10008$ kW, also praktisch der der Berechnung zugrunde gelegte Wert.

[1] L. 13, S. 112. [2] L. 8 und L. 17. [3] L. 11, S. 12 u. 13.

Aus dieser Übereinstimmung darf man natürlich nicht den Schluß ziehen, daß die Beiwerte in der Zahlenrechnung gerade richtig gewählt worden sind; vielmehr könnte man diese innerhalb gewisser Grenzen beliebig variieren und doch dasselbe Rechnungsergebnis erzielen.

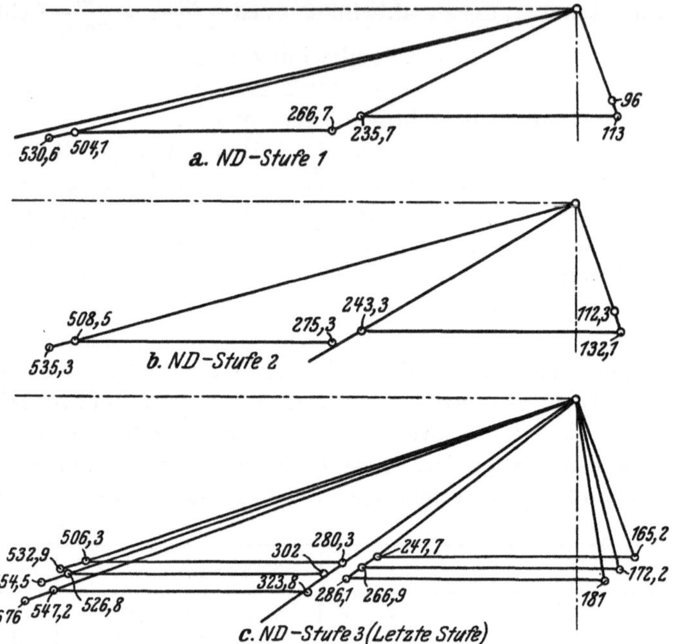

Abb. 28. Geschwindigkeitsplan der *ND*-Stufen.

b) Turbine mit Düsenregelung.

Erste Stufe als einkränzige Regelstufe. Wir wollen die erste Stufe der Turbine mit Drosselregelung nach Zahlentafel 11 durch eine teilweise beaufschlagte Regelstufe von 1,2 m Durchmesser ersetzen. Die übrigen Stufen sollen ungeändert bleiben. Nach Zahlentafel 11 stellt sich bei $G_h = 45\,800$ kg/h vor den Düsen der zweiten Stufen ein Druck $p_2 \cong 10{,}3$ ata ein. Bei veränderlicher Belastung ist p_2 näherungsweise der Dampfmenge direkt proportional. Danach kann gesetzt werden

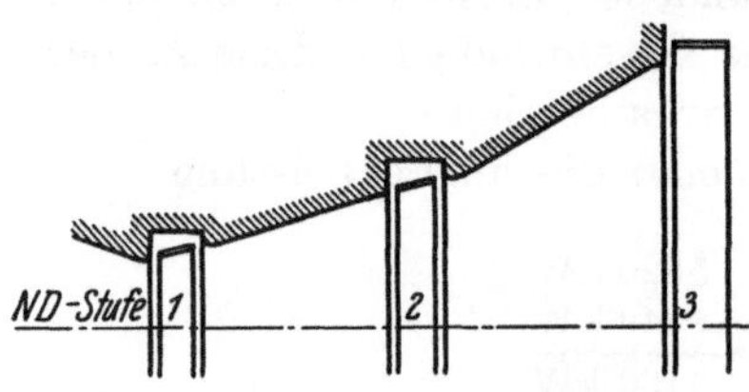

Abb. 29. Schaufelplan der *ND*-Stufen.

$$G_h \cong m \cdot p_2 \tag{40}$$

und

$$p_2 \cong \frac{G_h}{m} \cong \frac{10{,}3 \cdot G_h}{45\,800} = \frac{G_h}{4430}\,. \tag{40a}$$

Als Dampfzustand vor den Düsen der Regelstufe soll $p_1 = 14{,}8$ ata, $t_1 = 350^0$ bei allen Dampfmengen angenommen werden; in Wirklichkeit ändert sich der Druckabfall $(p_0 - p_1)$ mit der Dampfmenge. Diese Veränderlichkeit soll hier vernachlässigt werden.

Wir wählen 5 Ventile und bestimmen, daß bei 4 ganz offenen Ventilen und vollem Druck $p_1 = 14{,}8$ ata vor den zugehörigen Düsen 5% mehr Dampf als bei der Nennlast, also $\sim$ 48000 kg/h, durch die Turbine fließen soll.

In Zahlentafel 13, Reihe (1) bis (16), ist berechnet, welcher Düsenquerschnitt bei verschiedenen Dampfmengen und nichterweiterten Düsen erforderlich ist, wenn man ideale Düsenregelung voraussetzt.

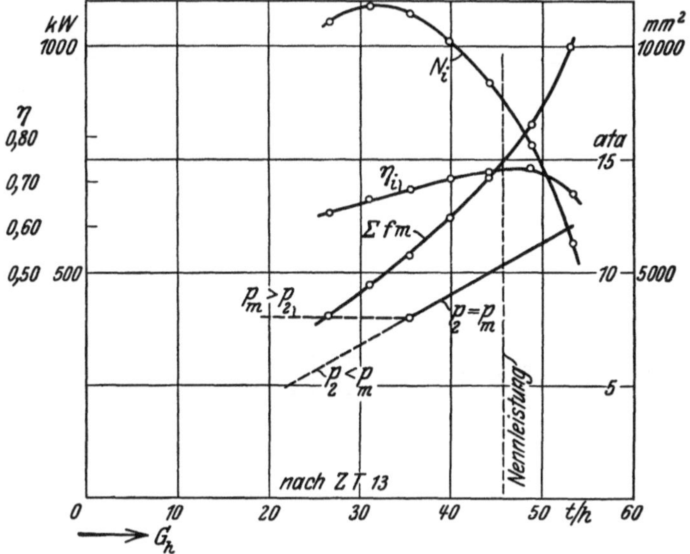

Abb. 30. Einkränzige Regelstufe.

In Reihe (8) ist der Druck p_m im engsten Querschnitt f_m, der bei nichterweiterten Düsen mit dem Endquerschnitt f_2 identisch ist, berechnet. Wenn die Expansion von p_1 auf p_m ganz im Überhitzungsgebiet vor sich geht und die Zuflußgeschwindigkeit zu den Düsen vernachlässigbar klein ist, kann näherungsweise $p_m \cong 0{,}545 \cdot p_1$ gesetzt werden. Bei $p_1 = 14{,}8$ ata ergibt sich $p_m \cong 8$ ata. Bei nichterweiterten Düsen kann jedoch p_m nicht kleiner als der Gegendruck p_2 sein; in denjenigen Spalten der Zahlentafel 13, bei denen $p_2 > 8$ ata ist, muß $p_m = p_2$ sein; die betreffenden Zahlen in Reihe (8) sind eingeklammert.

In Abb. 30 ist $\sum (f_m)$ abhängig von der Dampfmenge G aufgetragen. Diese Kurve gilt nur für ideale Düsenregelung mit unendlich großer Düsenzahl; bei endlicher Düsenzahl verläuft die Kurve treppenartig.

Zahlentafel 13.

(1)	d	m	1,2							Gegeben
(2)	u	m/s	188,5							$=$ (1) $\cdot \pi \cdot n/60$
(3)	p_1	ata	14,8							Gegeben
(4)	t_1	°C	350							„
(5)	i_1	kC/kg	753,0							*is*-Tafel
(6)	p_2	ata	12	11	10	9	8	7	6	Angenommen
(7)	G_h	kg/h	53160	48730	44300	39870	35440	31010	26580	$=4430\cdot$ (6) n. Gl. (40a)
(8)	p_m	ata	(12)	(11)	(10)	(9)	8	=	=	$\geqq 0{,}545\cdot$ (1)
(9)	i'_m	kC/kg	739,5	734,1	728,4	722,1	715,0	=	=	*is*-Tafel
(10)	h'_m	„	13,5	18,9	24,6	30,9	38,0	=	=	$=$ (5) $-$ (9)
(11)	c'_m	m/s	336,3	397,9	454,0	508,8	564,2	=	=	$=91{,}53\cdot\sqrt{(10)}$
(12)	t'_m	°C	320	308	296,0	282,5	267	=	=	*is*-Tafel
(13)	v'_m	m^3/kg	0,2274	0,2431	0,2619	0,2841	0,3106	=	=	Zustandsgleichung
(14)	c'_m/v'_m	$kg/s\cdot m^2$	1480	1630	1725	1785	1815	=	=	$=$ (11) : (13)
(15)	G/f_m	$kg/h\cdot mm^2$	5,32	5,88	6,22	6,44	6,55	=	=	$=3600\cdot$ (14) $\cdot 10^{-6}$
(16)	$\Sigma(f_m)$	mm^2	10000	8300	7120	6200	5370	4730	4050	$=$ (7) : (15)
(17)	$i_{c'}$	kC/kg	739,5	734,1	728,4	722,1	715,0	707,4	698,9	*is*-Tafel
(18)	$h_{c'}$	„	13,5	18,9	24,6	30,9	38,0	45,6	54,1	$=$ (5) $-$ (17)
(19)	c'	m/s	336,3	397,9	454,0	508,8	564,2	618,1	673,2	$=91{,}53\cdot\sqrt{(18)}$
(20)	ν'	—	0,560	0,474	0,415	0,370	0,333	0,305	0,279	$=$ (2) : (19)
(21)	$t_{c'}$	°C	320	308	296	282,5	267	250,5	232,5	*is*-Tafel
(22)	$v_{c'}$	m^3/kg	0,2274	0,2431	0,2619	0,2841	0,3106	0,3441	0,3867	Zustandsgleichung
(23)	$c'/v_{c'}$	$kg/s\cdot m^2$	1480	1630	1725	1785	1815	1795	1740	$=$ (19) : (22)
(24)	q'	—	1,0	=	=	=	=	1,0111	1,043	$=$ (14) : (23)
(25)	$\operatorname{tg}\alpha_2$	—	0,25	=	=	=	=	=	=	Gewählt
(26)	$\sin\alpha_2$	—	0,2425	=	=	=	=	=	=	$=$ (25) $:\sqrt{1{,}0+(25)^2}$

(27)	$\sin \alpha_{c'}$	—	0,2425	=	=	=	=	0,2452	0,2529	= (24)·(26)
(28)	$\cos \alpha_{c'}$	—	0,970	=	=	=	=	0,9695	0,9675	$= \sqrt{1{,}0 - (27)^2}$
(29)	$\mathrm{tg}\, \alpha_{c'}$	—	0,250	=	=	=	=	0,2529	0,2614	= (27):(28)
(30)	φ_1	—	0,95	=	=	=	=	=	=	Geschätzt
(31)	c_1	m/s	319,5	378,0	431,3	483,4	536,0	587,2	639,5	= (19)·(30)
(32)	c_{1u}	,,	309,9	366,7	418,3	468,9	519,9	569,3	618,7	= (28)·(31)
(33)	w_{1u}	,,	121,4	178,2	229,8	280,4	331,4	330,8	430,2	= (32) — (2)
(34)	$c_{1a} = w_{1a}$	,,	77,5	91,7	104,6	117,2	130,0	144,0	162,0	= (27)·(31)
(35)	w_{1u}^2	m²/s²	14738	31755	52807	78624	109826	145008	185072	= (33)²
(36)	w_{1a}^2	,,	6006	8409	10941	13736	16900	20736	26244	= (34)²
(37)	w_1^2	,,	20744	40164	63748	92360	126726	165744	211316	= (35) + (36)
(38)	w_1	m/s	144,0	202,9	252,5	303,9	356,0	407,1	459,7	$= \sqrt{(37)}$
(39)	$\mathrm{tg}\, \beta_{w1}$	—	0,638	0,515	0,455	0,417	0,392	0,378	0,376	= (34):(33)
(40)	$\mathrm{tg}\, \beta_1$	—	0,45							Gewählt
(41)	$\mathrm{tg}\, \beta_2$	—	0,45							,,
(42)	$\cos \beta_2$	—	0,912							$= 1{,}0 : \sqrt{1{,}0 + (41)^2}$
(43)	$\sin \beta_2$	—	0,4104							= (41):(42)
(44)	$\mathrm{tg}\, \beta_m$	—	0,45							= 0,5·[(40) + (41)]
(45)	ψ	—	0,866							Geschätzt
(46)	ψ_1	—	0,931							,,
(47)	w'	m/s	134,1	188,9	235,1	282,9	331,4	379,0	428,0	= (38)·(46)
(48)	w'_a	,,	55,0	77,5	96,5	116,2	136,1	155,6	175,7	= (43)·(47)
(49)	w_{1a}/w'_a	—	1,408	1,184	1,082	1.01	0,955	0,926	0,921	= (34):(48)
(50)	a_s	mm	12							Gewählt
(51)	b_{0s}	,,	0,5							,,
(52)	$b_0/\sin \beta_2$	,,	1,216							= (51):(43)
(53)	a_{is}	,,	10,784							= (50) — (52)
(54)	e_s	—	1,112							= (50):(53)

Zahlentafel 13 (Fortsetzung).

	p_2	ata	12	11	10	9	8	7	6	
(55)	L_s/L_d	—	1,565	1,318	1,204	1,123	1,062	1,030	1,024	= (49)·(54)
(56)	L_d	mm	25							Gewählt
(57)	L_s'	,,	39,1	32,9	30,1	28,05	26,5	25,7	25,6	= (55)·(56)
(58)	L_s	,,	35							Gewählt
(59)	w_2	m/s	124,7	175,7	218,7	263,2	308,3	352,5	398,1	= (38)·(45)
(60)	w_{2u}	,,	113,7	160,2	199,4	240,0	281,2	321,5	363,1	= (42)·(59)
(61)	$\Sigma(w_u)$	,,	235,1	338,4	429,2	520,4	612,6	702,3	793,3	= (33) + (60)
(62)	c'^2	m^2/s^2	113500	158500	206000	259000	319000	381000	453000	= 8380·(18)
(63)	η_u'	—	0,78	0,806	0,785	0,757	0,724	0,695	0,660	= 2,0·(2)·(61):(62)
(64)	h_u	kC/kg	10,52	15,25	19,32	23,4	27,5	31,7	35,7	= (18)·(63)
(65)	N_u	kW	650	864	995	1084	1133	1143	1103	= (7)·(64) : 860
(66)	i_u	kC/kg	742,5	737,8	733,7	729,6	725,5	721,3	717,3	= (5) — (64)
(67)	bei p_2 t_u	°C	326	316	307	298	288,5	279	270	n. *is*-Tafel
(68)	und i_u γ_u	kg/m^3	4,35	4,05	3,73	3,39	3,01	2,68	2,34	n. Zustandsgleichung
(69)	R_0	kW	∼87	81	75	68	60	54	47	= 20,0·(68) n. Gl. (41)
(70)	N_i	,,	563	783	920	1016	1073	1089	1056	= (65) — (69)
(71)	η_i	—	0,676	0,731	0,726	0,709	0,685	0,661	0,631	= (63)·(70):(65)
(72)	h_i	kC/kg	9,1	13,8	17,9	21,9	26,0	30,2	34,2	= (18)·(71)
(73)	i_2	,,	743,9	739,2	735,1	731,1	727,0	722,8	718,8	= (5) — (72)
(74)	t_2	°C	328,5	318,5	309,5	301,5	291,5	282	273	n. *is*-Tafel

Wir entnehmen aus ihr, daß bei $G = 48000$ kg/h ein gesamter Düsenquerschnitt $\sum(f_m) = 8000\,\text{mm}^2$, also für jedes Regelventil 2000 mm², erforderlich ist. Wir wollen annehmen, daß jede Düse etwa $^1/_{40}$ des Umfanges beaufschlagen soll. Daraus ergibt sich eine Düsenteilung $a_d \cong \frac{d \cdot \pi}{40} \cong 94{,}2$ mm. Wir wählen die Düsenneigung $\operatorname{tg} \alpha_2 = 0{,}25$, $\sin \alpha_2 = 0{,}242$ und die Stegdicke am Düsenaustritt $b_0 = 3$ mm. Damit wird die Düsenbreite $b_2 = a_d \cdot \sin \alpha_2 - b_0 \cong 19{,}8$ mm, was wir auf 20 mm abrunden wollen. Damit wird die Düsenteilung $a_d = 95$ mm. Nehmen wir hinter jedem Düsenventil 4 Düsen an, so ergibt sich der Querschnitt einer Düse $f_m = 500\,\text{mm}^2$ und die Düsenendhöhe $L_d = 25$ mm. Der durch die 20 Düsen aller 5 Ventile beaufschlagte Bogen ist dann $20 \cdot 95 - \frac{3}{0{,}242} \cong 1888$ mm. Da der Umfang $= 1200 \cdot \pi = 3770$ mm ist, ist der von allen Düsen beaufschlagte Bogen $\sim 50\%$ des Umfangs.

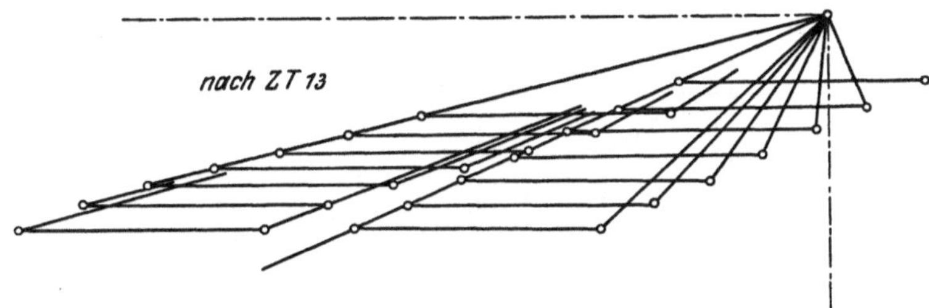

Abb. 31. Geschwindigkeitsplan einer einkränzigen Regelstufe bei veränderlichem Gefälle.

In den Reihen ⑰ u. f. von Zahlentafel 13 ist die erforderliche Schaufellänge L_s' und die Leistung der Regelstufe bei verschiedenen Dampfmengen berechnet. Die Radreibung einkränziger Räder ist nach der Näherungsgleichung des Verfassers

$$R_0 = 17{,}6 \cdot d^4 \cdot L_s \cdot \left(\frac{n}{1000}\right)^3 \cdot \gamma \text{ in kW} \tag{41}$$

berechnet. Bei den Zahlenwerten des Rechnungsbeispiels wird $R_0 \cong 20 \cdot \gamma$. Die Gleichung gilt für nichtbeaufschlagte und nicht eingehüllte Laufräder mit Schaufellängen $L_s = 0{,}01$ bis $0{,}1$ m. Da das Rad teilweise beaufschlagt ist, wird der wirkliche Wert kleiner, ebenso durch eine Einhüllung des nicht beaufschlagten Teils des Radumfanges. Diese Einflüsse können jedoch bis jetzt nicht genau berechnet werden und sollen deshalb unberücksichtigt bleiben.

In Abb. 31 sind die Geschwindigkeitsdreiecke gezeichnet. In Abb. 32 ist Σ_{wu}, η_u und η_i abhängig von der hydraulischen Kennzahl ν' aufgetragen. Diese Werte gelten jedoch ebenfalls nur für ideale Düsenregelung. Da bei der praktischen Düsenregelung immer mindestens ein

Ventil mehr oder weniger drosselt, liegen die Kurven etwas niedriger und verlaufen wellenförmig[1].

Da die Geschwindigkeitswerte φ und ψ nur geschätzt sind, können die berechneten Wirkungsgrade und Leistungen nur als Näherungswerte angesehen werden. Ihre Berechnung hat nur den Zweck, den relativen Verlauf der Kurven zu zeigen.

Die aus Zahlentafel 13 errechneten Werte von η_i und N_i sind in Abb. 30 eingetragen; man sieht, daß sowohl die Kurve des Wirkungsgrades als auch die der Leistung einen Höchstwert hat.

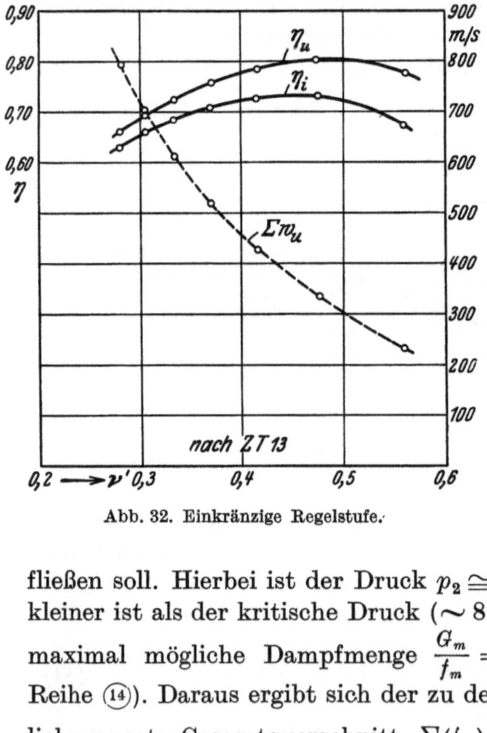

Abb. 32. Einkränzige Regelstufe.

Erste Stufe als zweikränzige Regelstufe. Nach S. 33 soll der Durchmesser der C-Stufe $d = 1{,}0$ m und ihr Gegendruck p_2 bei voller Belastung etwa 6 ata sein. Die Stufe soll für $p_2 \cong 4{,}5$ ata, entsprechend etwa ¾ Last, passend gebaut werden.

Ebenso wie bei der einkränzigen Regelstufe wollen wir 5 Ventile wählen und bestimmen, daß bei 4 ganz geöffneten Ventilen und vollem Druck $p_1 = 14{,}8$ ata vor den zugehörigen Düsen 5% mehr Dampf als bei der Nennlast, also ~ 48000 kg/h $= 13{,}333$ kg/s, durch die Turbine fließen soll. Hierbei ist der Druck $p_2 \cong 6{,}0 + 5\% \cong 6{,}3$ ata; da dieser kleiner ist als der kritische Druck (~ 8 ata), fließt durch jede Düse die maximal mögliche Dampfmenge $\frac{G_m}{f_m} = 1815$ kg/sm² (Zahlentafel 13, Reihe ⑭). Daraus ergibt sich der zu den Düsen der 4 Ventile erforderliche engste Gesamtquerschnitt $\sum(f_m) = 10^6 \cdot \frac{13{,}333}{1815} = 7350$ mm². Zu jedem Ventil sollen 4 Düsen gehören; also ist der engste Querschnitt einer Düse $f_m = \frac{7350}{16} = 459$ mm². Die Düsenbreite im engsten Querschnitt wählen wir wieder $b_m = 20$ mm, womit sich eine radiale Düsenhöhe $L_d = 22{,}95$ mm ergibt, die wir auf 23 mm abrunden wollen.

Die größtmögliche Dampfmenge (Schluckfähigkeit) bei vollem Druck ist $G_{\max} = 1815 \cdot 20 \cdot 460 \cdot 10^{-6} = 16{,}7$ kg/s $= 60000$ kg/h. Hierbei stellt sich in der ersten Radkammer ein Druck $p_{2\max} \cong 8$ ata, also gerade etwa der kritische Druck ein.

[1] S. 22 u. f.

Zahlentafel 14.

①	p_1	ata	14,8					Gegeben
②	t_1	°C	350					„
③	i_1	kC/kg	753,0					nach *is*-Tafel
④	p_m	ata	8,0					≅ 0,545 · ①
⑤	c'_m/v'_m	kg/s · m²	1815					= ⑭ von Zahlentafel 13 bei $p_m = 8$
⑥	b_m	m	0,020					Gegeben (S. 60)
⑦	L_d	„	0,023					„
⑧	f_m	m²	0,000460					= ⑥ · ⑦
⑨	G_d	kg/s	0,817					= ⑤ · ⑧
⑩	Belastung	—	5/4	4/4	3/4	2/4	1/4	
⑪	p_2	ata	8,0	6,0	4,5	3,0	1,5	Gegeben
⑫	$i_{c'}$	kC/kg	715,0	698,9	683,7	664,2	634,5	nach *is*-Tafel
⑬	$h_{c'}$	„	38,0	54,1	69,3	88,8	118,5	= ③ − ⑫
⑭	c'	m/s	564,2	673,2	762,0	862,8	996,4	= 91,53 · √⑬
⑮	$t_{c'}$	°C	267	232,5	200	157,5	$x = 0{,}9825$	nach *is*-Tafel
⑯	$v_{c'}$	m³/kg	0,3106	0,3867	0,4837	0,6603	1,161	nach Zustandsgleichung
⑰	$c'/v_{c'}$	kg/s · m²	1815	1740	1575	1305	858	= ⑭ : ⑯
⑱	q'	—	1,0	1,043	1,156	1,390	2,115	= ⑤ : ⑰
⑲	$p_1/p_2 = E$	—	1,85	2,485	3,29	4,93	9,87	= ① : ⑪
⑳	φ_1	—	0,955	=	=	=	=	Geschätzt
㉑	c_1	m/s	538,8	642,9	727,7	824,0	946,6	= ⑭ · ⑳
㉒	h_{c_1}	kC/kg	34,65	49,3	63,2	81,0	107	= ㉑² : 8380
㉓	$i_{w_1} = i_{c_1}$	„	718,3	703,7	689,8	672,0	646	= ③ − ㉒
㉔	t_{c_1}	°C	274	242	212	173,5	115	nach *is*-Tafel
㉕	v_{c_1}	m³/kg	0,315	0,396	0,498	0,682	1,196	nach Zustandsgleichung
㉖	c_1/v_{c_1}	kg/s · m²	1710	1625	1460	1208	791	= ㉑ : ㉕
㉗	q_{c_1}	—	1,06	1,117	1,243	1,50	2,29	= ⑤ : ㉖

In Zahlentafel 14, Reihe ① bis ⑲ ist das theoretische Erweiterungsverhältnis q' des Düsendampfes bei verlustfreier Strömung und idealer Düsenregelung zwischen $\sim 1/4$ und $5/4$ Last berechnet. Reihe ⑱ zeigt, daß q' mit steigender Dampfmenge, also mit kleiner werdendem Druckverhältnis p_1/p_2 immer kleiner wird. In Abb. 33 ist q' abhängig von p_1/p_2 aufgetragen. Diese Kurve gilt mit genügender Genauigkeit auch für andere Anfangsdrücke, solange die ganze Expansion im Überhitzungsgebiet verläuft.

Die Frage ist, welches Erweiterungsverhältnis q die Düsen erhalten sollen. In Abb. 34 ist das Druckverhältnis $E = \frac{p_{01}}{p_2}$ der ganz geöffneten und p_1/p_2 der jeweils gedrosselten Düsen abhängig von der Dampfmenge aufgetragen. Hierbei ist zur Vereinfachung angenommen, daß der Druck p_{01} vor den Düsenventilen konstant ist, ferner daß der Druck p_2 in der ersten Radkammer der Dampfmenge proportional ist und daß die Ventile nacheinander ohne Überlappung öffnen. Zwischen Leerlauf und $^1/_4$ Last, solange nur Ventil *I* drosselt, ist das Druckverhältnis $E_1 = \frac{p_1}{p_2}$ konstant, da p_1 und p_2 annahmegemäß der Dampfmenge proportional sind. Wenn Ventil *I* ganz offen ist, und Ventil *II* drosselt, also zwischen $^1/_4$ und $^1/_2$ Last, sinkt infolge des Steigens von p_2 das Druckverhältnis $E = \frac{p_{01}}{p_2}$ der ganz offenen Düsen *I*, während das Druckverhältnis $E_2 = \frac{p_1}{p_2}$ der gedrosselten Düsen *II* von 1,0 an steigt.

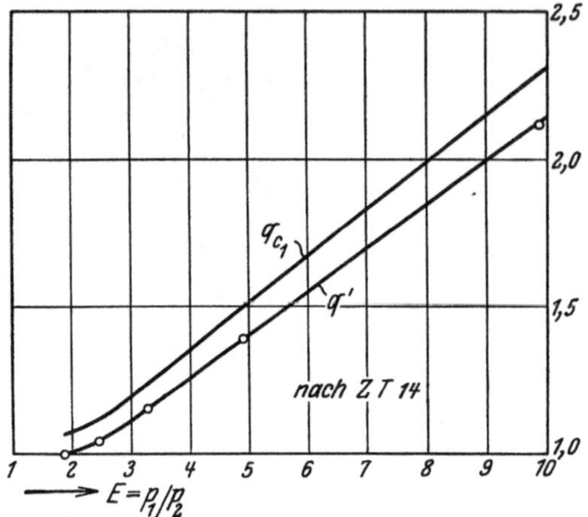

Abb. 33. Erweiterungsverhältnis von Düsen bei überhitztem Dampf.

Erst wenn Ventil *II* ganz offen ist, wird $E_2 = E$. Sinngemäß ebenso ist es bei den übrigen Düsenventilen. Zu jedem Druckverhältnis gehört ein bestimmter Wert von q', der aus Abb. 33 entnommen werden kann.

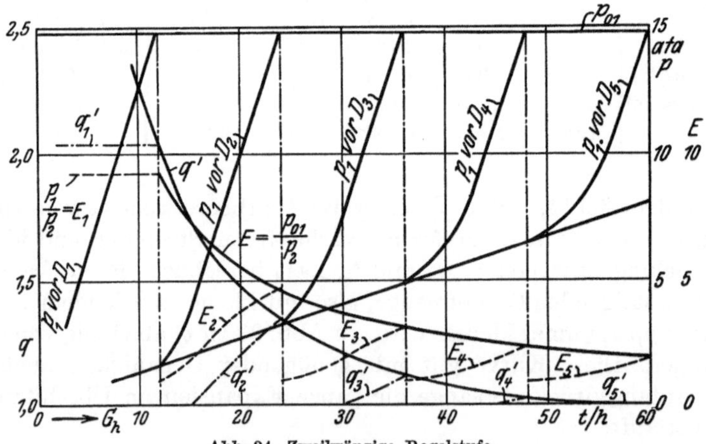

Abb. 34. Zweikränzige Regelstufe.

Die zu den Druckverhältnissen gehörigen Werte von q' sind in Abb. 34 ebenfalls eingetragen. Bei $p_2 = 4{,}5$ ata, wofür die *C*-Stufe eingerichtet werden soll, sind 2 Düsenventile ganz offen, während Ventil *III* noch etwas drosselt. Nach Abb. 34 ist dabei q' bei den Düsen *I* und *II* etwa

$= 1{,}15$, und bei den Düsen *III* etwa $= 1{,}05$. Wir wollen für die Düsen der 3 ersten Ventile einen dazwischen liegenden Wert, und zwar $q = 1{,}1$ wählen. Man könnte natürlich für die Düsen *III* auch einen kleineren Wert, etwa 1,05 oder 1,0, wählen. Bei einer zwischen $^3/_4$ und $^4/_4$ liegenden Belastung sind die 3 ersten Ventile ganz offen, während Ventil *IV* drosselt. Für die Düsen *I* bis *III* ist $q = 1{,}1$ bereits festgelegt.

Bei den Düsen *IV* ist nach Abb. 34 $q' = 1{,}0$ bei $G = 36000$ bis 45000 kg/h und nur bei 45000 bis 48000 kg/h etwas größer als 1,0; sie brauchen deshalb keine Erweiterung und sollen als nichterweiterte Düsen mit $q = 1{,}0$ ausgeführt werden. Für die Düsen *V* kommt nach Abb. 33 eine Düsenerweiterung überhaupt nicht in Frage, da bei ihnen q' stets $= 1{,}0$ ist.

Bei der praktischen Ausführung öffnet ein Ventil bereits, bevor noch das vorhergehende Ventil ganz offen ist, wie in Abb. 16 dargestellt war. Durch die Überlappung verschieben sich die q'-Kurven etwas, was aber für die Wahl von q keine praktische Bedeutung hat. Im Turbinenbau wird meistens davon abgesehen, die Düsen mit verschiedenem Erweiterungsverhältnis auszuführen.

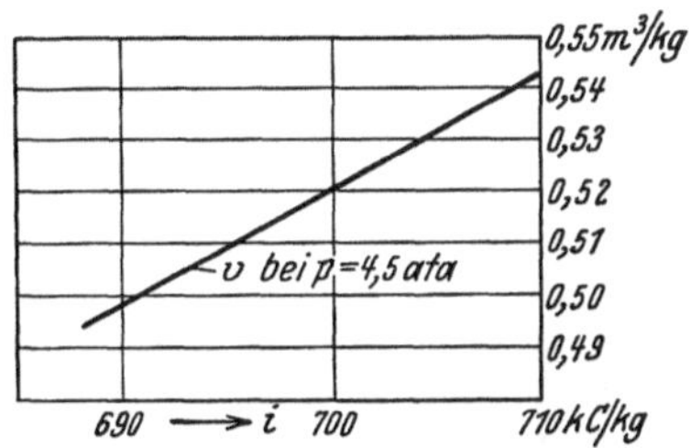

Abb. 35. *vi*-Diagramm einer *C*-Stufe.

In Reihe ⑳ bis ㉗ ist das Erweiterungsverhältnis q_{c1} des Strahles beim Auftreffen auf die Laufschaufeln des ersten Laufkranzes berechnet. In Abb. 33 ist q_{c1} ebenfalls eingetragen. Wir wollen annehmen, daß die Düsenhöhe L_d vom engsten Querschnitt an konstant $= 23$ mm bleibt und daß die Querschnittserweiterung durch Vergrößerung der Breite b_m auf b_2, wie in Abb. 27 dargestellt ist, bewirkt wird. Die Abmessungen sollen für $p_2 = 4{,}5$ ata berechnet werden. In Abb. 35 ist für $p = 4{,}5$ ata als Hilfskurve das spezifische Volumen v abhängig vom Wärmeinhalt i aufgetragen.

Wir wählen als Düsenerweiterung $q = 1{,}1$ und als Düsenaustrittsneigung $\operatorname{tg} \alpha_2 = 0{,}30$. Damit ergibt sich der für den Düsenstrahlwinkel $\sin \alpha_{c1} = \frac{\sin \alpha_2 \cdot q'}{q} = 0{,}302$ und die Düsenstrahlneigung $\operatorname{tg} \alpha_{c1} = 0{,}3165$.

Wir finden dann $c_{1a} = w_{1a} = c_1 \cdot \sin \alpha_2 = 220$; $c_{1u} = c_1 \cdot \cos \alpha_{c1} = 693{,}9$; $w_{1u} = c_{1u} - u = 536{,}8$; $w_1 = \sqrt{w_{1u}^2 + w_{1a}^2} = 580{,}1$; die Strahlbreite vor den Laufschaufeln $b_{c1} = b_m \cdot q_{c1} = 24{,}86$; die Strahlteilung $a_{c1} = \frac{b_{c1}}{\sin \alpha_{c1}}$ $= 82{,}3$; die in einem Schaufelkanal strömende Dampfmenge $G_s = \frac{G_d \cdot a_s}{a_{c1}}$ $= 0{,}119$ bei $a_s = 12$; die Eintrittsneigung des Relativstrahls $\operatorname{tg} \beta_{w1}$ $= \frac{w_{1a}}{w_{1u}} = 0{,}409$; Relativgeschwindigkeit $w' = \psi_1 \cdot w_1 = 535{,}5$ im Schaufel-

Zahlentafel 15. Zweikränzige C-Stufe mit reiner Gleichdruckwirkung.

	Bezeichnung für Kranz (A) und (C)	(B)		1. Laufkranz (A)	Umkehrkranz (B)	2. Laufkranz (C)				
(1)	G_s		kg/s	0,119	=	=				s. S. 63
(2)	a_s		mm	12	=	=				Gewählt
(3)	b_0		„	0,5	=	=				„
(4)	u		m/s	157,1	=	=				Gegeben
(5)	w'	c'	„	535,5[1]	327,9	168,7				= (30) des vorhergehenden Kranzes
(6)	$i_{w'}$	$i_{c'}$	kC/kg	695,8[1]	702,6	704,5				= (37) des vorhergehenden Kranzes
(7)	$\mathrm{tg}\,\beta_{w1}$	$\mathrm{tg}\,\alpha_{c0}$	—	0,409[1]	0,543	1,025				= (28) des vorhergehenden Kranzes
(8)	$\mathrm{tg}\,\beta_1$	$\mathrm{tg}\,\alpha_1$	—	0,41	0,55	1,00				Gewählt
(9)	$\mathrm{tg}\,\beta_2$	$\mathrm{tg}\,\alpha_2$	—	0,36	0,45	0,65	0,75	0,85	0,95	„
(10)	$\sin\beta_2$	$\sin\alpha_2$	—	0,339	0,411	0,545	0,600	0,647	0,688	= (9) : $\sqrt{1{,}0 + (9)^2}$
(11)	$\cos\beta_2$	$\cos\alpha_2$	—	0,941	0,913	0,839	0,800	0,761	0,724	= (10) : (9)
(12)	$v_{w'}$	$v_{c'}$	m^3/kg	0,511	0,527	0,531	=	=	=	nach Abb. 35
(13)	$w'/v_{w'}$	$c'/v_{c'}$	kg/s·m^2	1047	622	318	=	=	=	= (5) : (12)
(14)	F_s	F_s	mm^2	113,8	191	374	=	=	=	= 10^6 · (1) : (13)
(15)	$a_s \cdot \sin\beta_2$	$a_s \cdot \sin\alpha_2$	mm	4,07	4,93	6,54	7,20	7,76	8,25	= (2) · (10)
(16)	b_s	b_s	„	3,57	4,43	6,04	6,70	7,26	7,75	= (15) — (3)
(17)	L'_s	L'_s	„	31,85	43,1	61,9	55,8	51,5	48,3	= (14) : (16)
(18)	L_s	L_s	„	33	43			52		Gewählt
(19)	φ_2	φ_1	—	0,923	0,935	0,96	=	=	=	Geschätzt
(20)	w_2	c_1	m/s	494,2	306,6	161,8	=	=	=	= (5) · (19)

(21)	w_{2u}	c_{1u}	,,	465,0	279,9	135,8	129,4	123,1	117,2	= (11) · (20)
(22)	c_{2u}	w_{1u}	,,	307,9	122,8	—21,3	—27,7	—34,0	—39,9	= (21) — (4)
(23)	$w_{2a} = c_{2a}$	$c_{1a} = w_{1a}$	,,	167,5	126	88,2	97,0	104,7	111,3	= (10) · (20)
(24)	c_{2u}^2	w_{1u}^2	m²/s²	94800	15070	454	767	1156	1592	= (22)²
(25)	c_{2a}^2	w_{1a}^2	,,	28055	15876	7779	9409	10962	12388	= (23)²
(26)	c_2^2	w_1^2	,,	122855	30946	8233	10176	12118	13980	= (24) + (25)
(27)	c_2	w_1	m/s	350,5	175,9	90,7	100,9	110,1	118,2	= $\sqrt{(26)}$
(28)	$\operatorname{tg} \alpha_{c2}$	$\operatorname{tg} \beta_{w1}$	—	0,543	1,025	—4,14	—3,5	—3,08	—2,79	= (23) : (22)
(29)	φ_2	ψ_1	—	0,935	0,96	0	0	0	0	Geschätzt
(30)	c_3	w'	m/s	327,9	168,7	0	0	0	0	= (20) · (29)
(31)	$h_{w'}$	$h_{c'}$	kC/kg	34,2	12,8					= (5)² : 8380
(32)	h_{w2}	h_{c1}	,,	29,2	11,2					= (20)² : 8380
(33)	$h_{w'} - h_{w2}$	$h_{c'} - h_{c1}$	,,	5,0	1,6					= (31) — (32)
(34)	h_{c2}	h_{w1}	,,	14,6	3,7					= (26) : 8380
(35)	h_{c3}	$h_{w'}$	,,	12,8	3,4					= (30)² : 8380
(36)	$h_{c2} - h_{c3}$	$h_{w1} - h_{w'}$	,,	1,8	0,3					= (34) — (35)
(37)	i_{c3}	$i_{w'}$	,,	702,6	704,5					= (6) + (33) + (36)
(38)	w_{1u}		m/s	536,8[1]		122,8	=	=	=	= (22) des vorigen Kranzes
(39)	$\Sigma(w_u)$		,,	1001,8		258,6	252,2	245,9	240,0	= (21) + (38)
(40)	$h_{c'}$		kC/kg	69,3		=	=	=	=	= (13) von Zahlentafel 14
(41)	c'^2		m²/s²	581000		=	=	=	=	= (40) · 8380
(42)	Kranz η_u		—	0,541		0,140	0,136	0,133	0,130	= 2,0 · (4) · (39) : (41)
(43)	Gesamt η_u		—			0,681	0,677	0,674	0,671	= (42) A + (42) C
(44)										

[1] Siehe Seite 63 u. 66.

querschnitt F_s bei $\psi_1 = 0{,}923$ (geschätzt); $h_{w1} = \frac{w_1^2}{8380} = 40{,}2$; $h_{w'} = \frac{w'^2}{8380} = 34{,}2$; $i_{w'} = i_{w1} + h_{w1} - h_{w'} = 695{,}8$; $v_{w'} = 0{,}511$ nach Abb. 35; $F_s = \frac{G_s \cdot v_{w'}}{w'} = 113{,}8$; Kanalbreite $b_s = a_s \cdot \sin \beta_2 - b_0 = 3{,}57$ bei $\operatorname{tg} \beta_2 = 0{,}36$ (gewählt) und $b_0 = 0{,}5$ (geschätzt); theoretische Schaufellänge $L'_s = \frac{F_s}{b_s} = 31{,}8$ mm.

Die Berechnung der Schaufelkränze ist in Zahlentafel 15 durchgeführt. Bei Kranz (*C*) haben wir für die Austrittsneigung $\operatorname{tg} \beta_2$ der Reihe nach verschiedene Werte eingesetzt. Je größer $\operatorname{tg} \beta_2$ gewählt wird, um so kürzer wird die Schaufel, um so niedriger aber auch der rechnungsmäßige Wirkungsgrad, wenn man von der Veränderlichkeit der Geschwindigkeitsbeiwerte mit der Umlenkung des Dampfstrahles absieht. In Wirklichkeit wird allerdings ψ_2 (19) mit größer werdendem β_2 wachsen, so daß die Abnahme des Wirkungsgrades bei steigendem β_2 nicht so groß wird, wie in Zahlentafel 15 berechnet. In Abb. 36 ist der Schaufelplan aufgezeichnet. Man erkennt aus der Abbildung, daß die Divergenz der Außenbegrenzung der Laufschaufeln (*C*) bei $\operatorname{tg} \beta_2 = 0{,}65$ und $0{,}75$ wesentlich größer als bei Kranz (*A*) und (*B*) ist. Deshalb wollen wir für Kranz (*C*) eine Austrittsneigung $\operatorname{tg} \beta_2 = 0{,}85$ wählen, wobei sich eine Schaufellänge = 51,5 mm ergibt, die wir auf 52 abrunden wollen. Machen wir die Eintrittslängen der Schaufeln der 3 Kränze um 3 mm größer als die Austrittslängen der vorhergehenden Kränze bzw. der Düsen, so nimmt die Schaufellänge des Kranzes (*A*) von 26 auf 33, also um 7 mm, die des Kranzes (*B*) von 36 auf 43, also um 7 mm und die des Kranzes (*C*) von 46 auf 52, also um 6 mm, zu. Damit ergibt sich eine Steigung der Außenbegrenzung mit $B_s = 20$ mm bei Kranz (*A*) $\operatorname{tg} \lambda = \frac{3{,}5}{20} = 0{,}175$, (*B*) $\operatorname{tg} \lambda = \frac{3{,}5}{20} = 0{,}175$, (*C*) $\operatorname{tg} \lambda = \frac{3}{20} = 0{,}15$. Der Steigungswinkel nimmt also von $\sim 10^0$ bei Kranz (*A*) und (*B*) auf $\sim 8{,}5^0$ bei Kranz (*C*) ab. Wie groß der höchstzulässige Wert von λ ist, kann nicht mit Bestimmtheit gesagt werden; jedenfalls sollte man λ von Kranz zu Kranz nicht zu wachsen, sondern lieber abnehmen lassen.

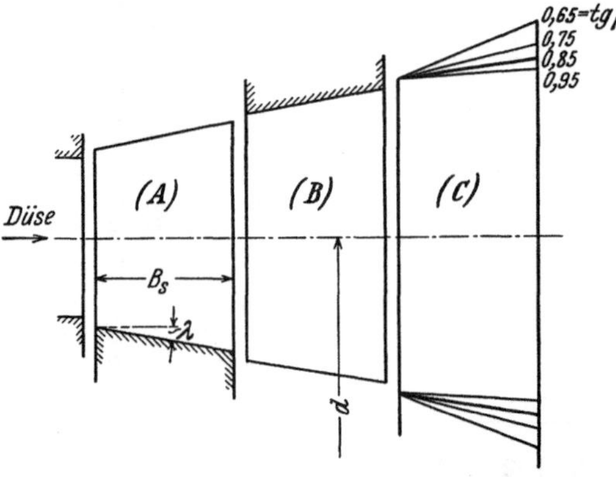

Abb. 36. Zweikränzige *C*-Stufe bei reiner Gleichdruckwirkung und verschiedenem Austrittswinkel des letzten Kranzes.

Bei Kranz (A) ist der Austrittswinkel β_2, Reihe (9), etwas zu klein gewählt worden, so daß sich eine zu schroffe Umlenkung ergibt. Man sollte $\operatorname{tg} \beta_2 \geqq 0{,}40$ und den Umlenkungswinkel $\beta_{12} \geqq 45^0$ ausführen. Dies erreicht man dadurch, daß man den Düsenwinkel α_2 vergrößert.

Bei der Berechnung kann man auch so vorgehen, daß man zuerst die Schaufellänge von Kranz (A) berechnet, dann die Schaufellängen von Kranz (B) und (C) wählt und die sich ergebenden Schaufelwinkel ausrechnet.

Das Geschwindigkeitsdiagramm ist in Abb. 21 aufgezeichnet. Je größer das Geschwindigkeitsverhältnis ν' einer C-Stufe ist, um so größer werden die Schwierigkeiten, für den letzten Schaufelkranz nicht zu lange Schaufeln zu erhalten. Man greift dann zu dem Mittel, die C-Stufe mit leichter Überdruckwirkung auszuführen, d. h. eine geringe Expansion im letzten Schaufelkranz oder in den letzten Schaufelkränzen zuzulassen. Derartige Stufen werden S. 104 behandelt.

C. Axiale Überdruckstufen.

6. Allgemeines.

a) Wirkungsweise.

Bei Überdruckstufen expandiert der Dampf in den Düsen (Leitschaufeln) vom Anfangsdruck p_1 auf den Zwischendruck (Spaltdruck) p_z und in den Laufschaufeln von p_z auf den Gegendruck p_2. Eine beliebige Überdruckstufe ist in Abb. 37, ihr Geschwindigkeitsplan in Abb. 38 und der zugehörige Teil des is-Diagramms in Abb. 39 wiedergegeben.

Der Dampf, der die Laufschaufeln der vorhergehenden Stufe mit dem Druck p_1 und der absoluten Geschwindigkeit (c_2) verlassen hat, strömt dem Ausflußquerschnitt f_2 der Leitschaufeln zu und expandiert dabei auf den Spaltdruck p_z. Infolge der hierbei auftretenden Widerstände ist diese Strömung nicht verlustfrei, so daß sich Geschwindigkeitszunahme durch die Expansion und Geschwindigkeitsabnahme durch die Widerstände überlagern. Dieser Vorgang entzieht sich der rechnerischen Behandlung, zumal die Verluste nicht genau berechenbar sind, sondern nur geschätzt werden können. Deshalb wollen wir uns zur Vereinfachung den Strömungsvorgang aus 2 Teilen bestehend denken, und zwar aus einem mit Verlusten verbundenen Teil ohne Expansion und aus einem verlustfreien Teil mit Expansion. Gemäß dieser Annahme tritt der Dampf, der die Laufschaufeln der vorhergehenden Stufe mit der absoluten Geschwindigkeit (c_2) verlassen hat, ohne Druckänderung unter Verlusten in die Düsen ein, wobei seine Geschwindigkeit von (c_2) auf $c_0 = \varphi_2 \cdot c_2$ sinkt; darauf strömt er verlustfrei bis zum Querschnitt f_2, wobei er auf den Spaltdruck p_z expandiert. Durch diese Expansion wird das Leitschaufel-Expansionsgefälle h'_ε frei, so daß der Dampf im Querschnitt f_2 die kinetische Energie $h_{c'} = h_{c0} + h'_\varepsilon$ und die Geschwindigkeit $c' = 91{,}53 \cdot \sqrt{h_{c'}}$ besitzt. Weiter durchströmt der Dampf den Schrägabschnitt und den Spalt zwischen Düsen und Laufschaufeln ohne Druckänderung, wobei seine Geschwindigkeit von c' auf $c_1 = \varphi_1 \cdot c'$ sinkt. Aus c_1, u und dem Strahlwinkel α_{c1} ergibt sich die relative Eintrittsgeschwindigkeit w_1 und ihre Richtung β_{w1}.

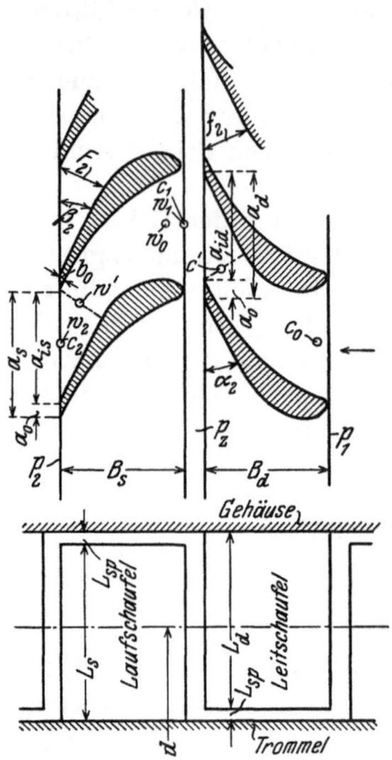

Abb. 37. Überdruck-Trommelstufe.

In derselben Weise wollen wir uns den Strömungsvorgang in den Laufschaufelkanälen denken. Demgemäß tritt der Dampf mit dem Druck p_z in die Laufschaufeln ein, wobei seine Relativgeschwindigkeit von w_1 auf $w_0 = \psi_1 \cdot w_1$ sinkt; dann strömt er verlustfrei bis zum Querschnitt F_2, wobei er auf den Gegendruck p_2 expandiert. Durch diese Expansion wird das Laufschaufel-Expansionsgefälle h''_ε frei, so daß der Dampf im Querschnitt F_2 die kinetische Energie $h_{w'} = h_{w0} + h''_\varepsilon$ und die Relativgeschwindigkeit $w' = 91{,}53 \cdot \sqrt{h_{w'}}$ besitzt. Den Schrägabschnitt durchströmt der Dampf ohne Druckänderung, wobei seine Geschwindigkeit von w' auf $w_2 = \psi_2 \cdot w'$ sinkt. Aus w_2, u und dem Strahlwinkel β_{w2} ergibt sich die absolute Austrittsgeschwindigkeit c_2 und ihre Richtung α_{c2}. Mit der Geschwindigkeit c_2 verläßt der Dampf die Leit-

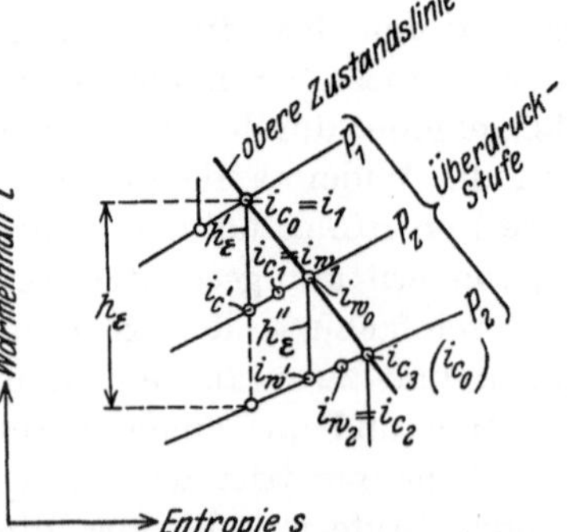

Abb. 38. Geschwindigkeitsplan einer Überdruckstufe. Abb. 39. *is*-Diagramm einer Überdruckstufe.

schaufeln und strömt den Düsen der nächsten Stufe zu, in die er mit $c_3 = \varphi_2 \cdot c_2$ eintritt. In der folgenden Stufe wiederholt sich derselbe Vorgang, wobei an Stelle von c_3 wieder die Bezeichnung c_0 gesetzt wird.

Bei der ersten Stufe kann die Zuflußgeschwindigkeit c_0 vernachlässigt werden, wenn es sich nicht um eine Stufe mit sehr kleinem Expansionsgefälle handelt. Die Auslaßgeschwindigkeit c_2 (C_n) der letzten Stufe geht verloren.

In Abb. 37 sind die Stellen, an denen die verschiedenen Geschwindigkeiten herrschend gedacht sind, durch Punkte angedeutet.

Das Verhältnis $h''_\varepsilon/h_\varepsilon$ (Abb. 39) nennt man den Reaktionsgrad r.

Überdruckstufen werden entweder als Kammerstufen oder als Trommelstufen ausgebildet. Bei Kammerstufen sind die Laufschaufeln wie bei Gleichdruckstufen auf Radscheiben befestigt; zwischen je zwei Radscheiben ist ein bis nahe an die Welle der Radnabe heranreichender Zwischenboden im Gehäuse eingesetzt. Bei Trommelstufen (Abb. 37) sind keine Zwischenböden vorhanden; hierbei ist es gleichgültig, ob die Laufschaufeln auf einem zusammenhängenden Trommelkörper wie in Abb. 37 oder auf einzelnen Radscheiben[1] befestigt sind; das wesentliche Kennzeichen ist das Fehlen der bis nahe an die Welle heranreichenden Zwischenböden.

Die Schaufeln werden entweder mit Deckband (geschlossene Schaufelkanäle) oder ohne Deckband (offene Schaufelkanäle) ausgeführt. In letzterem Falle werden, besonders bei langen Schaufeln, Bindedrähte in die Schaufeln eingelötet, die den Zweck haben, die Schaufeln gegeneinander zu versteifen und gegen Schwingungen zu sichern.

Der Reaktionsgrad r ist meist $\leqq 0{,}5$; bei der gegenläufigen Radialturbine (Ljungström-Turbine) ist $r = 1{,}0$.

b) Der Wirkungsgrad.

Es ist zweckmäßig, den Wirkungsgrad auf das Stufenexpansionsgefälle h_ε zu beziehen. Das Expansionsgefälle der Leitschaufeln ist $h'_\varepsilon = h_{c'} - h_{c0}$, das der Laufschaufeln $h''_\varepsilon = h_{w'} - h_{w0}$; demnach ist

$$h_\varepsilon \cong h'_\varepsilon + h''_\varepsilon \cong h_{c'} - h_{c0} + h_{w'} - h_{w0}$$

oder wenn wir die dem Expansionsgefälle h_ε entsprechende (in Wirklichkeit nirgends vorhandene) Geschwindigkeit $c_\varepsilon = 91{,}53 \cdot \sqrt{h_\varepsilon}$ einführen,

$$c_\varepsilon^2 = c'^2 - c_0^2 + w'^2 - w_0^2 . \qquad (42)$$

Strenggenommen ist, wie aus Abb. 39 hervorgeht, $h'_\varepsilon + h''_\varepsilon$ wegen des Wärmerückgewinns etwas größer als h_ε; der Unterschied ist jedoch sehr klein, meist kleiner als 0,5%, so daß wir ihn vernachlässigen können.

[1] L. 13, Abb. 706.

Bei Vernachlässigung der Undichtheit ist der Wirkungsgrad, bezogen auf h_ε,

$$\eta_\varepsilon = \frac{2 \cdot u \cdot (w_{1u} + w_{2u})}{c_\varepsilon^2} = 2 \cdot \nu_\varepsilon \cdot \left(\varphi_1 \cdot \frac{c'}{c_\varepsilon} \cdot \cos\alpha_2 + \psi_2 \cdot \frac{w'}{c_\varepsilon} \cdot \cos\beta_2 - \nu_\varepsilon\right). \quad (43)$$

Wenn wir näherungsweise $c_0 = c_3$ setzen, könnten wir η_ε als Funktion von ν_ε, r, φ, ψ, α_2 und β_2 darstellen. Da dies aber eine sehr unhandliche Gleichung ergäbe, ist vorzuziehen, den Geschwindigkeitsplan aufzuzeichnen und die erforderlichen Werte aus ihm abzugreifen.

Ist $\alpha_{c0} = \beta_{w1} = \alpha_{c2}$, $\alpha_{c1} = \beta_{w2}$, $\varphi_1 = \psi_2$, $\psi_1 = \varphi_2$, $c_0 = w_0 = c_3$, $c' = w'$, $c_1 = w_2$ und $w_1 = c_2$, so sind die Geschwindigkeitsdreiecke kongruent und der Reaktionsgrad r ist $= 0{,}5$. Dann ist mit $\nu' = \frac{u}{c'} = \frac{u}{w'}$ der Wirkungsgrad

$$\eta_\varepsilon = \frac{2 \cdot u \cdot (2 \cdot \varphi_1 \cdot c' \cdot \cos\alpha_2 - u)}{c_\varepsilon^2} = 2 \cdot \nu_\varepsilon \cdot \left(\frac{2 \cdot \varphi_1 \cdot \cos\alpha_2}{\nu'/\nu_\varepsilon} - \nu_\varepsilon\right). \quad (44)$$

Aus Gl. (42) wird

$$c_\varepsilon^2 = 2 \cdot (c'^2 - w_0^2).$$

Mit $w_1^2 = \frac{w_0^2}{\psi_1^2} = c_1^2 + u^2 - 2 \cdot u \cdot c_1 \cdot \cos\alpha_2$ und $m = 1 - \varphi_1^2 \cdot \psi_1^2$ ergibt sich

$$\frac{\nu'}{\nu_\varepsilon} = \frac{\sqrt{m}}{\sqrt{0{,}5 + \nu_\varepsilon^2 \cdot \psi_1^2 \cdot \left(1 + \cos^2\alpha_2 \cdot \frac{1-m}{m}\right)} - \nu_\varepsilon \cdot \psi_1 \cdot \cos\alpha_2 \sqrt{\frac{1-m}{m}}}. \quad (45)$$

Setzen wir dies in Gl. (44) ein, so erhalten wir

$$\eta_\varepsilon = 4 \cdot \nu_\varepsilon \cdot \left[\cos\alpha_2 \cdot \sqrt{\frac{1-m}{m} \cdot \left[\nu_\varepsilon^2 \cdot \left(1 + \frac{1-m}{m} \cdot \cos^2\alpha_2\right) + \frac{1}{2 \cdot \psi_1^2}\right]} - \nu_\varepsilon \cdot \frac{2 \cdot \frac{1-m}{m} \cdot \cos^2\alpha_2 + 1}{2}\right]. \quad (46)$$

Um zu veranschaulichen, wie ν'/ν_ε und η_ε abhängig von ν_ε und α_2 verlaufen, wollen wir für φ_1 und ψ_1 Zahlenwerte, und zwar $\varphi_1 = 0{,}95$ und $\psi_1 = 0{,}85$ einsetzen. Rechnen wir damit ν'/ν_ε und η_ε für verschiedene Werte von $\operatorname{tg}\alpha_2$ und ν_2 aus und tragen wir die so gefundenen Werte abhängig von ν_ε auf, so erhalten wir zwei Kurvenscharen (Abb. 40). Diese Kurven geben aber kein ganz richtiges Bild des wirklichen Verlaufes, weil die Werte φ und ψ in Wirklichkeit nicht konstant sind, sondern sich mit der Schaufellänge und den Winkeln ändern. Je kürzer die Schaufeln sind, je schärfer die Umlenkung, d. h. je kleiner der Umlenkungswinkel $\alpha_{12} = \alpha_1 + \alpha_2$ ist und je kleiner der Austrittswinkel α_2 ist, um so kleiner werden φ und ψ. Könnte man diese Einflüsse zahlenmäßig erfassen und berücksichtigen, so würde man finden, daß die η_ε-Kurven mit wachsendem ν_ε stärker zunehmen und ihr Höchstwert bei einem größeren Wert von ν_ε liegt als in Abb. 40. Bei den gezeichneten Kurven ist η_ε um so besser, je kleiner α_2 ist; in Wirklichkeit werden bei kleiner werdendem α_2 die Werte φ_1 und ψ_2 schlechter, so daß bei einem bestimmten Wert von α_2 der Wirkungsgrad einen Höchstwert hat. Dieser günstigste Wert ließe sich berechnen, wenn man die Veränderlichkeit der Verluste zahlenmäßig angeben könnte. Da dies aber bis jetzt nicht möglich ist, sind wir auf Schätzungen angewiesen. Für die Zahlenrechnungen wollen wir annehmen, daß der günstigste Wert $\operatorname{tg}\alpha_2 \cong 0{,}4$* ist. Bei Abb. 40 ist zu beachten, daß auch gewisse Grenzbedingungen einzuhalten sind. Erstens sollten α_{c0} und β_{w1} höchstens $\cong 90^0$ sein, weil dann die Stufe ihren höchsten Wirkungsgrad hat und bei $\beta_{w1} > 90^0$ der Wirkungsgrad wieder zu sinken beginnt. Zweitens sollte der Umlenkungswinkel α_{12} bzw. β_{12} einen bestimmten Mindestwert nicht unterschreiten, weil die Strömungsverluste um so größer sind, je kleiner α_{12} ist. Drittens sollte α_2 einen bestimmten Mindestwert nicht unterschreiten, weil sonst die Kanäle zu eng und zu lang werden, was die Strömungsverluste erhöht. Bei $\alpha_{c0} = \beta_{w1} = \alpha_{c2} = 90^0$ ist $\cos\alpha_2 = \frac{u}{c_1} = \frac{u}{\varphi_1 \cdot c'} = \frac{\nu'}{\varphi_1}$ oder

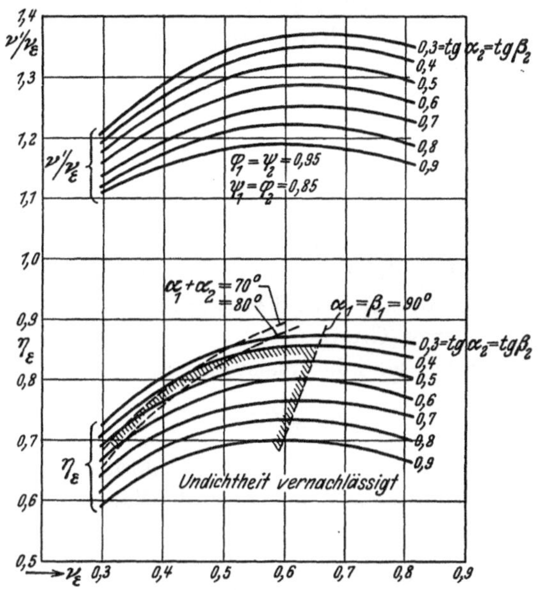

Abb. 40. Wirkungsgrad von Überdruckstufen.

$$\nu' = \varphi_1 \cdot \cos\alpha_2 . \tag{47}$$

Setzen wir dies in Gl. (45) ein, so erhalten wir

$$\nu_\varepsilon = \varphi_1 \cdot \sqrt{\frac{0{,}5}{1 + m \cdot \operatorname{tg}^2\alpha_2}} \tag{48}$$

oder, wenn wir für φ_1 und m die Zahlenwerte einsetzen,

$$\nu_\varepsilon = \frac{1{,}14}{\sqrt{\operatorname{tg}^2\alpha_2 + 2{,}87}} . \tag{48a}$$

* Nach Wagner (L. 9, S. 508) ist der kleinste brauchbare Wert von α_2 und β_2 etwa 17^0, der größte etwa 45^0.

Zu jedem Wert von $\operatorname{tg} \alpha_2$ gehört also ein bestimmter Wert von ν_ε, der nicht überschritten werden sollte. Die entsprechende Grenzkurve ist in Abb, 40 eingetragen; man sieht, daß sie durch die Höchstwerte der einzelnen Kurven geht.

Die zweite Grenzbedingung ist $\alpha_{12} \geqq \alpha_{\min}$. Es ist

$$\frac{\sin(\alpha_1 - \alpha_2)}{\sin \alpha_1} = \frac{u}{c_1} = \frac{\nu'}{\varphi_1}$$

und

$$\nu' = \frac{\sin(\alpha_{12} - 2 \cdot \alpha_2)}{\sin(\alpha_{12} - \alpha_2)} \cdot \varphi_1 \,.$$

Setzt man dies in Gl. (45) ein, so erhält man eine Beziehung zwischen ν_ε und α_2. Rechnet man ν_ε für $\operatorname{tg} \alpha_2 = 0{,}3-0{,}9$ und $\alpha_{12} = 70$ und 80^0 aus und trägt man die so gefundenen Werte in Abb. 40 ein, so erhält man zwei Grenzkurven.

Setzt man beispielsweise als Grenzwerte fest:

$$\operatorname{tg} \alpha_2 \geqq 0{,}40 \,, \qquad \alpha_1 \leqq 90^0 \,, \qquad \alpha_{12} \geqq 70^0 \,,$$

so erhält man das in Abb. 40 schraffierte Gebiet, innerhalb dessen $\operatorname{tg} \alpha_2$ bei gegebenem ν_ε liegen muß. Wählt man beispielsweise

$$\nu_\varepsilon = 0{,}3 \quad 0{,}4 \quad 0{,}5 \quad 0{,}6,$$

so muß sein

$$\operatorname{tg} \alpha_2 \geqq 0{,}52 \quad 0{,}43 \quad 0{,}4 \quad 0{,}4.$$

Beim Vergleich des Wirkungsgrades von Überdruckstufen mit dem von Gleichdruckstufen muß letzterer ebenfalls auf das Expansionsgefälle h_ε bezogen werden. Durch Rechnungen kann jedoch nicht festgestellt werden, ob bei sonst gleichen Verhältnissen Gleich- oder Überdruckstufen einen besseren Wirkungsgrad haben, weil die Verluste nicht genügend genau bekannt sind.

c) Undichtheit.

Bei Überdruckstufen herrscht nicht nur auf beiden Seiten der Leitschaufeln, sondern auch auf beiden Seiten der Laufschaufeln verschiedener Druck, so daß ein Teil des Stufendampfes, der Laufschaufel-Leckdampf, durch den Spalt zwischen den Laufschaufeln und dem Gehäuse hindurchfließt.

Der die Leitschaufeln umgehende Dampf, der Leitschaufel-Leckdampf, tritt bei Kammerstufen durch die Labyrinthdichtung in der Nähe der Welle, bei Trommelstufen durch das Spiel zwischen Leitschaufelende und Außendurchmesser der Trommel. Bei Kammerstufen ist er in derselben Weise zu berechnen wie bei Gleichdruckstufen. Bei Trommelstufen (Abb. 37) fließt durch 1 mm der Spalthöhe L_{sp} mehr

Dampf hindurch als durch 1 mm Schaufellänge, so daß gesetzt werden kann

$$\frac{G_{sp}}{L_{sp}} = \mu \cdot \frac{G_d}{L_d}$$

mit $\mu > 1{,}0$. Demgemäß ist die Stufendampfmenge

$$G_{st} = G_d + G_{sp} = \frac{G_d}{L_d} \cdot (L_d + \mu \cdot L_{sp}) = \left(\frac{G}{f_m}\right) \cdot \frac{d \cdot \pi \cdot \sin \alpha_2}{e_d} (L_d + \mu \cdot L_{sp}). \quad (49)$$

Für den Laufschaufel-Leckdampf bei Kammer- und Trommelstufen gilt ebenfalls Gl. (49); nur ist hierbei L_s, G_s, e_s und β_2 an Stelle von L_d, G_d, e_d und α_2 zu setzen.

Der Ausdruck $\mu \cdot L_{sp}$ soll als „gleichwertige (äquivalente) Spalthöhe L_g" bezeichnet werden. Nach den Versuchen von Anderhub[1] kann $\mu \cong 2$ gesetzt werden.

Bei der Berechnung der Schaufellängen ist zunächst die theoretische Schaufellänge L' bei Spiel $= 0$ zu berechnen; hiervon ist dann $L_g \cong \mu \cdot L_{sp}$ abzuziehen. Über die Wahl von L_{sp} siehe S. 75.

7a. Stufengruppen und Einzelstufen.

Aus Herstellungsgründen ist man bestrebt, die Anzahl der zu verwendenden Schaufelprofile möglichst zu beschränken und möglichst viel Stufen zu Stufengruppen mit gleichen Profilen zusammenzufassen. Eine Stufe, deren Laufschaufelprofil dem Leitschaufelprofil kongruent ist, soll als einprofilige Stufe, eine Stufe, deren Laufschaufelprofil vom Leitschaufelprofil verschieden ist, als zweiprofilige Stufe bezeichnet werden. Ebenso sollen unterschieden werden einprofilige Stufengruppen, bei denen für alle Leit- und Laufschaufelreihen dasselbe Profil verwendet wird, und zweiprofilige Stufengruppen, bei denen zwei Profile, das eine für alle Leitschaufeln und das andere für alle Laufschaufeln, verwendet werden.

Einprofilige Stufen werden stets in Gruppen ausgeführt. Da $\alpha_1 = \beta_1$ und $\alpha_2 = \beta_2$ ist, sind auch die relativen Geschwindigkeiten angenähert gleich den entsprechenden absoluten Geschwindigkeiten. Wir wollen den bereits besprochenen Grenzfall behandeln, daß die Geschwindigkeitsdreiecke kongruent sind. Eine derartige Stufe hat ein Expansionsgefälle

$$h_s = h_{c'} - h_{c0} + h_{w'} - h_{w0} = 2 \cdot (h_{c'} - h_{w0}) \quad (50)$$

und einen Reaktionsgrad

$$r = \frac{h_{w'} - h_{w0}}{2 \cdot (h_{c'} - h_{w0})} = 0{,}5\,.$$

---

[1] L. 2.

In diesem Falle sind bei gleichbleibendem Durchmesser die Längen der aufeinanderfolgenden Leit- und Laufschaufeln einer Gruppe dem spezifischen Dampfvolumen v direkt proportional, wenn man vom Einfluß der Undichtheit vorläufig absieht. Deshalb können derartige Stufen nur dann verwendet werden, wenn sich v von Kranz zu Kranz nur wenig ändert. Dies ist dann der Fall, wenn das Stufengefälle und damit auch die Umfangsgeschwindigkeit und der Durchmesser nur klein sind. Derartige Stufen werden deshalb hauptsächlich im Hochdruckteil verwendet. Die Dampfgeschwindigkeit ist an allen Stellen solcher Stufen stets wesentlich kleiner als die Schallgeschwindigkeit, so daß eine Strahlablenkung nicht in Frage kommt. Wir können also an Stelle von α_{c1} und β_{w2} stets α_2 und β_2 setzen.

Zweiprofilige Stufen werden entweder in Gruppen oder als Einzelstufen ausgeführt. Bei zweiprofiligen Stufengruppen ist meist der Reaktionsgrad r wesentlich kleiner als 0,5; sie arbeiten also nur mit geringer Überdruckwirkung und werden später behandelt.

Je größer das Dampfvolumen ist, um so größer muß der Raddurchmesser werden; damit wächst auch das Stufengefälle und die Zunahme des Volumens von Stufe zu Stufe. Um ein zu starkes Wachsen der Schaufellängen zu vermeiden, ist man gezwungen, den Reaktionsgrad und die Winkel von Kranz zu Kranz zu ändern. Derartige Stufen sind also als zweiprofilige Einzelstufen zu behandeln und jede für sich zu berechnen. Hat man den Durchmesser und das Stufengefälle dieser Stufen festgelegt, so kann man von vornherein die Düsenhöhen und Schaufellängen vorläufig annehmen und die sich dabei ergebenden Winkel und Reaktionsgrade ausrechnen. Die Annahmen sind so lange zu ändern, bis man passende Verhältnisse erhält.

7b. Stufeneinteilung.

Da Überdruckstufen nur mit voller Beaufschlagung ausgeführt werden, kommen sie für die erste Stufe nur bei Drosselregelung in Frage. Soll die Turbine dagegen Düsenregelung erhalten, so muß die erste Stufe als teilweise beaufschlagte Gleichdruckstufe ohne oder mit Geschwindigkeitsabstufung (A- oder C-Stufe) ausgeführt werden.

Wir wollen Düsenregelung annehmen und die erste Stufe (Teil I der Turbine) wie bei der Gleichdruckturbine als teilweise beaufschlagte einkränzige Regelstufe mit $d = 1{,}2$ m ausführen; ihr Gegendruck soll $p_{\text{II}} = 10$ ata bei voller Belastung sein.

Den HD-Teil (II) wollen wir als einprofilige Trommelstufengruppe mit gleichbleibendem Durchmesser und kongruenten Geschwindigkeitsdreiecken ausführen. Für die Bestimmung des Durchmessers ist maßgebend, daß die Schaufeln der ersten Stufe dieser Gruppe so lang werden, daß das Verhältnis der Leckdampfmenge G_{sp} zur Stufendampfmenge G_{st}

nicht zu groß wird. Wir wollen festsetzen, daß G_{sp} nicht größer als $G_{st} \cdot y$ werden darf, und setzen demgemäß $\mu \cdot L_{sp} = y \cdot L'$; hieraus ergibt sich mit $\delta_{sp} = \frac{d}{L_{sp}}$

$$\frac{d}{L'} = \delta' = \delta_{sp} \cdot \frac{y}{\mu}. \tag{51}$$

Schätzen wir $\delta_{sp} \cong 1000$, $y \leqq 3\%$ und (nach Anderhub) $\mu \cong 2$, so wird $\delta' \leqq 15$.

Nach Flügel[1] soll sein $\delta_{\max} \cong 10$, $\delta_{\min} \cong 6$ bis 7, $\delta_{sp} \leqq 1000$ bei Spitzendichtungen, sonst $\leqq 333$ (weil hier ein etwaiges Streifen gefährlicher).

Für die Berechnung des Durchmessers einer Stufe ist die Kenntnis ihres Endzustandes erforderlich. Da wir diesen für die erste Stufe nicht kennen, berechnen wir die nullte[2] Stufe, deren Endzustand gleich dem bekannten Anfangszustand der ersten Stufe ist. Nach der Kontinuitätsgleichung ist

$$G \cdot v_{w'} = \sum F_2 \cdot w' = \frac{d \cdot \pi \cdot L_s \cdot \sin\beta_2}{e_s} \cdot w'. \tag{52}$$

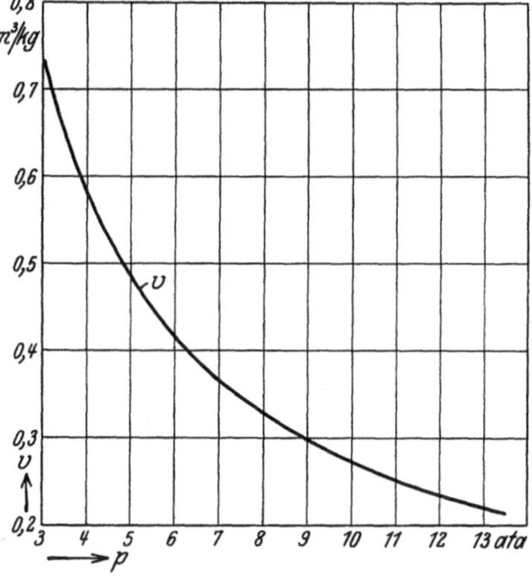

Abb. 41. vp-Diagramm nach der oberen Zustandslinie.

$v_{w'}$ unterscheidet sich nur wenig von dem zur oberen Zustandslinie gehörigen Werte v_{II}. Deshalb wollen wir einfach $v_{w'} = v_{\mathrm{II}}$ setzen. In Abb. 41 ist v entsprechend der oberen Zustandslinie abhängig von p in den Grenzen $p = 3$ bis 13,5 ata aufgetragen. Wir entnehmen daraus $v_{\mathrm{II}} = 0{,}2735\ \mathrm{m^3/kg}$ bei $p_{\mathrm{II}} = 10$ ata. Damit wird $G \cdot v_{w'} = 12{,}725 \cdot 0{,}2735 = 3{,}48\ \mathrm{m^3/s}$.

Aus $e_s = \frac{a_s}{a_{is}} = \frac{a_s}{a_s - a_0}$, $a_0 = \frac{b_0}{\sin\beta_2}$ und $b_0 = \sigma \cdot a_s$ (Abb. 37) ergibt sich $e_s = \frac{\sin\beta_2}{\sin\beta_2 - \sigma}$ und $\frac{e_s}{\sin\beta_2} = \frac{1}{\sin\beta_2 - \sigma}$. Wir schätzen $b_0 \cong \frac{B}{40}$, worin B die axiale Baulänge des Profils ist, und $a_s \cong 0{,}6 \cdot B$; damit wird $\sigma \cong 0{,}04$. Die Stufenkennzahl ν_ε wählen wir gleich der mittleren Kennzahl $\cong 0{,}46$. Nehmen wir 70^0 als kleinstzulässigen Wert des Umlenkungswinkels β_{12} an, so erhalten wir aus Abb. 40 den kleinstzulässigen Wert der Austrittsneigung $\operatorname{tg}\beta_2 \cong 0{,}4$, den wir beibehalten wollen. Damit

[1] L. 5, S. 512. [2] S. 28.

wird $\sin \beta_2 = 0{,}3714$, $e_s = 1{,}12$, $\frac{e_s}{\sin \beta_2} = 3{,}02$ und nach Gl. (52)

$$d \cdot L_s = \frac{3{,}02 \cdot 3{,}48}{3{,}14 \cdot w'} = \frac{3{,}34}{w'}. \tag{52a}$$

Ferner entnehmen wir aus Gl. (45) oder Abb. 40, daß zu $\nu_\varepsilon = 0{,}46$ und $\operatorname{tg} \beta_2 = 0{,}40$ ein Verhältnis $\frac{\nu'}{\nu_\varepsilon} = 1{,}304$ gehört. Demnach ist $\nu' = 1{,}304 \cdot 0{,}46 \cong 0{,}6$. Da $w' = c'$ ist, kann gesetzt werden

$$w' = \frac{u}{\nu'} = \frac{d \cdot \pi \cdot n}{60 \cdot \nu'} = \frac{d \cdot 3{,}14 \cdot 3000}{60 \cdot 0{,}6} = 261{,}5 \cdot d.$$

Dies in Gl. (52a) eingesetzt ergibt

$$d^2 \cdot L_s = 0{,}01275. \tag{52b}$$

Setzen wir noch für L_s den Mindestwert $d/15$ ein, so erhalten wir

$$d = \sqrt[3]{0{,}01275 \cdot 15} = 0{,}576 \text{ m}.$$

Wir wählen $d = 0{,}575$ m; damit wird $u = 90{,}32$ und

$$c' = w' = \frac{90{,}32}{0{,}6} = 150{,}5 \text{ m/s}.$$

Man kann natürlich auch ohne Zwischenrechnungen $L = \frac{d}{\delta}$ und $w' = \frac{d \cdot \pi \cdot n}{60 \cdot \nu'}$ in Gl. (52) einsetzen und erhält dann eine Gleichung von der Form

$$d = \sqrt[3]{\frac{60 \cdot G \cdot v_{\text{II}} \cdot \delta_{\max} \cdot \nu_\varepsilon \cdot \frac{\nu'}{\nu_\varepsilon}}{(\sin \beta_2 - \sigma) \cdot \pi^2 \cdot n}}. \tag{53}$$

Um den Endzustand der Gruppe zu bestimmen, müssen wir zunächst feststellen, wie groß der Endwert v_{III} wird, wenn die Länge ihren Höchstwert hat. Wir wollen $\delta_{\min} \cong 7{,}5$ annehmen und erhalten $L_{\max} = \frac{0{,}575}{7{,}5} \cong 0{,}077$ m. Damit wird

$$v_{\text{III}} = \frac{d \cdot \pi \cdot L_s \cdot \sin \beta_2 \cdot w'}{G \cdot e_s} = 0{,}545 \text{ m}^3/\text{kg}. \tag{52c}$$

Hierzu gehört nach Abb. 41 ein Druck $p_{\text{III}} \cong 4{,}3$ ata. Damit ist der angenäherte Endzustand des Dampfes hinter dem *HD*-Teil (II) gefunden; der genaue Wert von p_{III} ergibt sich erst bei der späteren Durchrechnung des *HD*-Teils.

Das Gefälle von 10 auf 4,3 ata ist nach der *is*-Tafel, ausgehend von der oberen Zustandslinie, $H'_{\text{II}} = 49$ kC/kg; schätzen wir den Rückgewinnfaktor $\varrho_{\text{II}} \cong 0{,}03$, so ergibt sich eine Summe der Expansionsgefälle $\sum (h_\varepsilon)_{\text{II}} \cong 50{,}5$. Aus $u = 90{,}32$ und $\nu_\varepsilon = 0{,}46$ ergibt sich

$c_\varepsilon = 196{,}3$ und $h_\varepsilon = 4{,}6$. Somit wird die Stufenzahl $Z_{\text{II}} = \frac{50{,}5}{4{,}6} = 10{,}98$. Wir wählen $Z_{\text{II}} = 11$ Stufen, wodurch sich der Gegendruck nicht merkbar ändert. Der *HD*-Teil (II) besteht demnach aus 11 Stufen von 0,575 m Durchmesser, wobei die Schaufellänge von $\frac{0{,}575}{15} \cong 0{,}038$ auf $\frac{0{,}575}{7{,}5} \cong 0{,}077$ zunimmt und der Druck von 10 auf 4,3 ata abnimmt.

Da wir nicht wissen, welcher Druck vor dem *ND*-Teil herrschen muß, müssen wir zunächst diesen untersuchen. Bis jetzt kennen wir nur seinen Enddruck $p_n = 0{,}055$ ata. Durchmesser und Schaufellänge der letzten Stufe berechnen wir in derselben Weise wie bei der Gleichdruckturbine; jedoch brauchen wir bei der Wahl des Durchmessers auf den Düsenwinkel keine Rücksicht zu nehmen, weil dieser nach anderen Gesichtspunkten bestimmt wird. Wir hatten bei der Gleichdruckturbine $d = 1{,}6$ und $L_s \cong 0{,}350$ m gefunden und wollen diese Werte auch für die Überdruckturbine beibehalten. Wegen des durch den großen Raddurchmesser bedingten großen Stufengefälles können die letzten Stufen nicht mehr summarisch, sondern müssen einzeln berechnet werden. Zur Erleichterung der Rechnung ist in Abb. 42 das Produkt $p \cdot v$ in den Grenzen $p = 0{,}5$ bis 0,8 ata entsprechend der oberen Zustandslinie und der Grenzkurve abhängig von p aufgetragen. Das Produkt $p \cdot v$ an Stelle von v ist deswegen gewählt, weil die $p \cdot v$-Kurve abhängig von p sehr flach verläuft, wodurch die Genauigkeit des Abgreifens erhöht wird. Das aus dieser Kurve zu entnehmende Volumen ist, wie bereits erwähnt, etwas größer als das im Ausflußquerschnitt der Leit- und Laufschaufelkanälen herrschende Volumen $v_{c'}$ und $v_{w'}$. Da dieser Unterschied aber im allgemeinen nicht größer als etwa 1% ist, können wir ihn für Überschlagsrechnungen vernachlässigen und $v_{c'}$ und $v_{w'}$ einfach aus Abb. 42 abgreifen. Nach der Kontinuitätsgleichung ist die Axialkomponente von w'

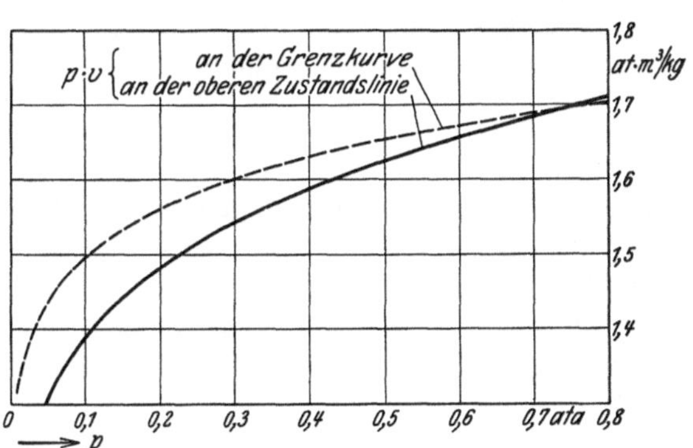

Abb. 42. Produkt *pv* im *ND*-Teil.

$$w'_a = w' \cdot \sin \beta_{w2} = \frac{G \cdot e_s \cdot v_{w'}}{d \cdot \pi \cdot L_s}. \tag{54}$$

Der Gegendruck der letzten Stufe ist $p_2 = 0{,}055$ ata; hierzu gehört nach Abb. 42 ein spezifisches Volumen $v = \frac{1,313}{0,055} = 23,85\ \mathrm{m^3/kg}$. Setzen wir $e_s \cong 1,05$ nach Schätzung und die übrigen Zahlenwerte in Gl. (54) ein, so ergibt sich $w'_a = 181$ und $c_{2a} = w_{2a} = 0,95 \cdot 181 = 171,9\ \mathrm{m/s}$. c_2 hatten wir $\cong 175\ \mathrm{m/s}$ gewählt; daraus ergibt sich

$$c_{2u} = \sqrt{c_2^2 - c_{2a}^2} = 32,8\ \mathrm{m/s},$$

$$w_{2u} = c_{2u} + u = 284,1\ \mathrm{m/s},$$

$$\operatorname{tg}\beta_{w2} = \frac{w_{2a}}{w_{2u}} = 0,605.$$

Wir runden $\operatorname{tg}\beta_{w2}$ auf 0,60 ab; damit wird $\beta_{w2} \cong 31^0$; $\sin\beta_{w2} = 0,5145$; $\cos\beta_{w2} = 0,8575$; $w' = \frac{w'_a}{\sin\beta_{w2}} = 351,4$; $w_2 = \psi_2 \cdot w' = 333,8$; $h_{w'} = 14,75$; $h_{w2} = 13,3$; $h_{w'} - h_{w2} = 1,45$; $w_{2u} = 286,2$; $c_{2u} = 34,9$; $c_2 = \sqrt{c_{2a}^2 + c_{2u}^2} = 175,4$; $h_{c2} = 3,67$. Wir hatten $J_n = 560,4$ gefunden; demnach wird $i_{c2} = J_n - h_{c2} = 556,73$; $i_{w'} = i_{c2} - (h_{w'} - h_{w2}) = 555,28$, abgerundet auf 556. Für die Leitschaufeln ist

$$\frac{c'_a}{v_{c'}} = \frac{G \cdot e_d}{d \cdot \pi \cdot L_d}. \tag{55}$$

Wir wollen die Leitschaufellänge am Eintritt etwas kleiner als am Austritt, und zwar $= 0,33$ ausführen. Die Düsenendhöhe muß etwas kleiner als 0,33 werden; wir wollen sie $= 0,32$ m ausführen. Schätzen wir noch $e_d = 1,1$ und setzen wir die Zahlenwerte in Gl. (55) ein, so erhalten wir $\frac{c'_a}{v_{c'}} = 8,7$ und

$$\frac{c_{1a}}{v_{c'}} = \varphi_1 \cdot \frac{c'_a}{v_{c'}} = 8,265\ \mathrm{kg/sm^2}. \tag{55a}$$

Der Zwischendruck p_z im Spalt zwischen Leitschaufeln und Laufschaufeln ist vorläufig noch unbekannt. w' und $i_{w'}$ sind bereits gefunden. Nimmt man für p_2 irgend einen Wert an, so ergibt sich (Abb. 39) i_{w0} aus der is-Tafel; $h''_\varepsilon = i_{w0} - i_{w'}$; $h_{w0} = h_{w'} - h''_\varepsilon$; $w_0 = 91,53 \cdot \sqrt{h_{w0}}$; $w_1 = \frac{w_0}{\psi_1}$; $h_{w1} = \frac{w_1^2}{8380}$; $i_{w1} = i_{w0} - (h_{w1} - h_{w0})$; $v_{c'}$ nach Abb. 42 bei $p = p_z$; $w_{1a} = c_{1a} = 8,265 \cdot v_{c'}$ nach Gl. (55a); $w_{1u} = \sqrt{w_1^2 - w_{1a}^2}$; $c_{1u} = w_{1u} + u$; $c_1 = \sqrt{c_{1u}^2 + c_{1a}^2}$; $c' = \frac{c_1}{\varphi_1}$; $\operatorname{tg}\alpha_{c1} = \frac{c_{1a}}{c_{1u}}$; $h_{c'} = \frac{c'^2}{8380}$; $h_{c1} = \frac{c_1^2}{8380}$; $i_{c'} = i_{c1} - (h_{c'} - h_{c1})$; $h_{c0} = h_{c3}$ der vorletzten Stufe vorläufig geschätzt; $h'_\varepsilon = h_{c'} - h_{c0}$; $i_1 = i_{c'} + h'_\varepsilon$; hieraus p_1 nach der is-Tafel; $h_\varepsilon \cong h'_\varepsilon + h''_\varepsilon$; $c_\varepsilon = 91,53 \cdot \sqrt{h_\varepsilon}$; $\nu_\varepsilon = \frac{u}{c_\varepsilon}$; $r = \frac{h''_\varepsilon}{h_\varepsilon}$.

Die Zahlenrechnung ist in Zahlentafel 16 durchgeführt. Aus der Zahlentafel ersehen wir folgendes: Je größer wir p_z wählen, um so kleiner wird das Stufengefälle h_ε und um so größer die Kennzahl ν_ε und der Reaktionsgrad r. Wir wollen ν_ε so wählen, daß es in der Nähe des Mittelwertes 0,46 liegt. Deshalb setzen wir $p_z = 0{,}075$ ata und erhalten den Anfangsdruck der letzten Stufe $p_1 = 0{,}177$ ata. Hierbei ist die Zuflußenergie zu den Düsen vorläufig geschätzt. Wenn c_3 der vorletzten Stufe $= 0$ wäre, hätte sich ein Druck $p_1' = 0{,}185$ (Reihe (50)) und ein Wärmeinhalt $i_1' = 590$ (49) vor den Düsen eingestellt. In Reihe (41) ist der Wirkungsgrad η_ε bezogen auf das Expansionsgefälle bei vernachlässigter Undichtheit berechnet. Die Werte von η_ε wären dann richtig, wenn die Werte φ und ψ richtig eingesetzt wären. Je größer p_z ist, um so größer ist der Umlenkungswinkel β_{12} (45) und damit auch der Wert ψ. Andererseits wird der Laufschaufelleckverlust mit steigendem p_z größer, wodurch ψ verringert wird. Diese beiden Einflüsse wirken einander entgegen; welcher von beiden überwiegt, läßt sich nicht angeben.

Damit sind die Hauptdaten der letzten Stufe festgelegt.

Wäre der Geschwindigkeitsplan der vorletzten Stufe dem der letzten Stufe kongruent, so wären die Schaufellängen dem spezifischen Volumen proportional. Der Enddruck p_2 der vorletzten Stufe ist $= 0{,}177$; nach Abb. 42 ist hierbei $v = \frac{1{,}465}{0{,}177} = 8{,}275$. Die Schaufellänge der vorletzten Stufe wäre dann $L_s \cong 0{,}35 \cdot \frac{8{,}275}{23{,}85} \cong 0{,}121$ m. Die Düsen der letzten Stufe müßten dann eine Eintrittshöhe von etwa 0,13 m erhalten, während ihre Austrittshöhe, wie wir bereits gefunden haben, etwa 0,32 sein soll. Die Zunahme der Düsenhöhe von 0,13 auf 0,32 m erschwert aber die Konstruktion der Düsen und beeinflußt die Dampfströmung ungünstig. Wir müssen also versuchen, die Schaufellänge der vorletzten Stufe zu vergrößern. Dies können wir durch die Wahl eines kleineren Austrittswinkels β_2, einer kleineren Austrittsgeschwindigkeit c_2 oder eines kleineren Raddurchmessers erreichen. Demgemäß wollen wir $d = 1{,}55$ m, $u = 243{,}5$ m/s und $\operatorname{tg}\beta_{w2} = 0{,}45$, entsprechend $\beta_{w2} \cong 24^0$, $\sin\beta_{w2} = 0{,}4104$, $\cos\beta_{w2} = 0{,}912$ setzen. Nach dem Geschwindigkeitsdreieck ist

$$c_2^2 = w_2^2 + u^2 - 2 \cdot w_2 \cdot u \cdot \cos\beta_{w2},$$

$$w_2 = u \cdot \cos\beta_{w2} \pm \sqrt{c_2^2 - u^2 \cdot \sin^2\beta_{w2}} \tag{56}$$

$$= 222{,}1 \pm \sqrt{c_2^2 - 9986}\,. \tag{56a}$$

Wenn der Winkel, den c_2 und w_2 einschließen, $> 90^0$ ist, wird die Wurzel negativ. Da ein solcher Fall praktisch nicht in Frage kommt, wollen wir nur den positiven Wert der Wurzel berücksichtigen. Bei der letzten Stufe hatten wir $h_{c0} = 1{,}5$ geschätzt, womit sich $i_{c0} = 588{,}5$ ergeben hatte. Wir wollen diese Werte beibehalten und bei der vorletzten Stufe mit h_{c3} und i_{c3} bezeichnen. Damit wird $c_3 = 112{,}1$; $c_2 = \frac{c_3}{\varphi_2} = 131{,}9$;

Zahlentafel 16.

(1)	$i_{w'}$	kC/kg	556,0						Gegeben
(2)	$h_{w'}$	,,	14,75						,,
(3)	w'	m/s	351,4						,,
(4)	p_z	ata	0,055	0,060	0,065	0,070	0,075	0,080	Angenommen
(5)	i_{w0}	kC/kg	556,0	558,6	561,0	563,3	565,5	567,6	nach is-Tafel (Abb. 39)
(6)	h''_ε	,,	0	2,6	5,0	7,3	9,5	11,6	= (5) — (1)
(7)	h_{w0}	,,	14,75	12,1	9,7	7,4	5,2	3,1	= (2) — (6)
(8)	w_0	m/s	351,4	318,4	285,1	249,0	208,7	161,1	$= 91{,}53 \cdot \sqrt{(7)}$
(9)	ψ_1	—	0,85	=	=	=	=	=	Geschätzt
(10)	w_1	m/s	413,4	374,7	335,4	292,9	245,6	189,6	= (8) : (9)
(11)	h_{w1}	kC/kg	20,4	16,8	13,4	10,2	7,2	4,3	$= (10)^2 : 8380$
(12)	$h_{w1} - h_{w0}$	,,	5,7	4,7	3,7	2,8	2,0	1,2	= (11) — (7)
(13)	$i_{c1} = i_{w1}$	,,	550,3	553,9	557,3	560,5	563,5	566,4	= (5) — (12)
(14)	$(p \cdot v)_z$	at·m³/kg	1,313	1,323	1,332	1,341	1,350	1,359	nach Abb. 42
(15)	$v_{c'}$	m³/kg	23,85	22,05	20,5	19,15	18,0	17,0	$\simeq$ (14) : (4)
(16)	$w_{1a} = c_{1a}$	m/s	197,2	182,4	169,5	158,3	148,8	140,6	= 8,265 · (15) nach Gl. (55a)
(17)	w_1^2	m²/s²	170900	140400	112493	85790	60319	35948	$= (10)^2$
(18)	$c_{1a}^2 = w_{1a}^2$	,,	38890	33250	28730	25059	22126	19768	$= (16)^2$
(19)	w_{1u}^2	,,	132010	107150	83763	60731	38193	16180	= (17) — (18)
(20)	w_{1u}	m/s	363,3	327,3	289,4	246,5	195,4	127,2	$= \sqrt{(19)}$
(21)	u	,,	251,3	=	=	=	=	=	Gegeben (S. 47)
(22)	c_{1u}	,,	614,6	578,6	540,7	497,8	446,7	378,5	= (20) + (21)
(23)	c_{1u}^2	m²/s²	377733	334778	292356	247805	199540	143262	$= (22)^2$
(24)	c_1^2	,,	416621	368028	321086	272864	221666	163030	= (18) + (23)
(25)	c_1	m/s	645,5	606,7	566,7	522,4	470,8	403,5	$= \sqrt{(24)}$

Nr.	Größe	Einheit							Bemerkung
(26)	φ_1	—	0,95	=	=	=	=	=	Geschätzt
(27)	c'	m/s	680,0	638,6	596,5	549,9	495,6	424,7	= (25):(26)
(28)	$h_{c'}$	kC/kg	55,2	48,7	42,5	36,1	29,3	21,5	= (27)²:8380
(29)	$\operatorname{tg} \alpha_{c1}$	—	0,321	0,3155	0,313	0,318	0,333	0,371	= (16):(22)
(30)	h_{c1}	kC/kg	49,7	43,9	38,3	32,6	26,5	19,4	= (25)²:8380
(31)	$h_{c'} - h_{c1}$	,,	5,5	4,8	4,2	3,5	2,8	2,1	= (28) — (30)
(32)	$i_{c'}$	,,	524,8	549,1	553,1	557,0	560,7	564,3	= (13) — (31)
(33)	h_{c0}	,,	1,5	=	=	=	=	=	Geschätzt
(34)	h'_ε	,,	53,7	47,2	41,0	34,6	27,8	20,0	= (28) — (33)
(35)	h_ε	,,	53,7	49,8	46,0	41,9	37,3	31,6	= (6) + (34)
(36)	r	—	0	0,0521	0,1088	0,1742	0,2545	0,367	= (6) : (35)
(37)	c_ε	m/s	670,7	645,9	620,8	592,5	559,0	514,5	= 91,53 · √(35)
(38)	ν_ε	—	0,375	0,389	0,404	0,424	0,450	0,489	= (21) : (37)
(39)	w_{2u}	m/s	286,2	=	=	=	=	=	Gegeben (S. 78)
(40)	$\Sigma(w_u)$	,,	649,5	613,5	575,6	532,7	481,6	413,4	= (20) + (39)
(41)	η_ε	—	0,725	73,8	75,0	76,3	77,5	78,5	= 2,0 · (21) · (40) : (37)²
(42)	$\operatorname{tg} \beta_{w1}$	—	0,543	0,557	0,585	0,641	0,761	1,104	= (16) : (20)
(43)	β_{w1}	∢	28,5	29	30,5	32,5	37	48	Entsprechend (42)
(44)	β_{w2}	,,	31	=	=	=	=	=	Gegeben (S. 78)
(45)	$\beta_{w1} + \beta_{w2}$	,,	59,5	60	61,5	63,5	68	79	= (43) + (44)
(46)	$i_1 = i_{c0}$	kC/kg					588,5		= (32) + (34)
(47)	p_1	ata					0,177		nach *is*-Tafel
(48)	x_1	—					0,942		nach *is*-Tafel
(49)	i'_1	kC/kg					(590,0)		= (28) + (32)
(50)	p'_1	ata					(0,185)		nach *is*-Tafel
(51)	x'_1	—					(0,944)		nach *is*-Tafel

$h_{c2} = 2{,}08$; $i_{c2} = i_{c3} - (h_{c2} - h_{c3}) = 587{,}9$; $w_2 = 308{,}1$ nach Gl. (56); $w_{2u} = 281$; $w' = \frac{w_2}{\psi_2} = 324{,}3$; $h_{w'} = 12{,}6$; $h_{w2} = 11{,}3$; $i_{w'} = i_{c2} - (h_{w'} - h_{w2}) = 586{,}6$, was wir auf 586 abrunden wollen. Die theoretische Schaufellänge wird, wenn wir $e_s \cong \frac{\sin\beta_2}{\sin\beta_2 - 0{,}04} \cong 1{,}11$ setzen und von der Undichtheit absehen,

$$L_s' = \frac{G \cdot e_s \cdot v}{d \cdot \pi \cdot w' \cdot \sin\beta_{w2}} = 0{,}180\,\text{m}.$$

Die Eintrittslänge der Laufschaufeln wollen wir $= 0{,}165$ m und die Düsenendhöhe $L_d = 0{,}160$ m wählen. Mit $e_d \cong 1{,}1$ wird

$$c_a' = \frac{G \cdot e_d \cdot v_{c'}}{d \cdot \pi \cdot L_d} \cong 17{,}97 \cdot v_{c'}$$

und

$$c_{1a} = \varphi_1 \cdot c_a' \cong 17{,}07 \cdot v_{c'}. \tag{55b}$$

Die weitere Berechnung der vorletzten Stufe, die gleich der der letzten Stufe ist, ist in Zahlentafel 17 durchgeführt. Wir wählen $\nu_\varepsilon = 0{,}466$ und erhalten dann $p_z = 0{,}23$ ata und für die drittletzte Stufe $p_2 = 0{,}45$ ata; $i_{c3} = 614{,}9$; nach Abb. 42 gehört hierzu $v = \frac{1{,}606}{0{,}45} = 3{,}57$; $h_{c3} = h_{c0}$ der vorletzten Stufe $= 1{,}0$ wollen wir beibehalten; damit wird $c_3 = 91{,}5$; $c_2 = \frac{c_3}{0{,}85} = 107{,}6$; $h_{c2} = 1{,}4$; $h_{c2} - h_{c3} = 0{,}4$; $i_{c2} = i_{c3} - 0{,}4 = 614{,}5$ kC/kg.

Durchmesser und β_{w2} wollen wir wieder etwas kleiner als bei der vorletzten Stufe wählen, und zwar $d = 1{,}5$ m, $u = 235{,}6$ m/s und $\operatorname{tg}\beta_{w2} = 0{,}40$; $\beta_{w2} \cong 22^0$; $\sin\beta_{w2} = 0{,}3714$; $\cos\beta_{w2} = 0{,}9285$. e_s schätzen wir $= 1{,}12$. Damit wird

$$w_2 = u \cdot \cos\beta_{w2} + \sqrt{c_2^2 - u^2 \cdot \sin^2\beta_{w2}} = 281{,}4,$$

$$w_{2u} = 261{,}3; \quad w' = \frac{w_2}{0{,}95} = 296{,}2,$$

$$L_s = \frac{12{,}725 \cdot 1{,}12 \cdot 3{,}57}{1{,}5 \cdot 3{,}14 \cdot 0{,}3714 \cdot 296{,}2} \cong 0{,}100\,\text{m}.$$

Wir wählen die Schaufeleintrittslänge $= 0{,}09$ m und die Düsenendhöhe $L_d = 0{,}085$ m; e_d schätzen wir $= 1{,}2$. Damit wird

$$c_a' = \frac{G \cdot e \cdot v_{c'}}{d \cdot \pi \cdot L_d} = 38{,}1 \cdot v_{c'},$$

$$c_{1a} = \varphi_1 \cdot c_a' = 36{,}2 \cdot v_{c'}. \tag{55c}$$

Die Rechnung ist in Zahlentafel 18 durchgeführt.

Wir wollen $\nu_\varepsilon = 0{,}464$ wählen; damit wird, wenn wir die Zuflußgeschwindigkeit zu den Düsen vernachlässigen, der Druck vor dem ND-Teil $p_N \cong 1{,}0$ ata.

Als Druck hinter dem *HD*-Teil (II) hatte sich $p_{\text{III}} \cong 4{,}3$ ata ergeben. Zwischen *HD*-Teil und *ND*-Teil ist also noch ein Mitteldruck-(*MD*-) Teil (III) einzuschalten, in dem der Dampf von $p_{\text{III}} \cong 4{,}3$ auf $p_{\text{IV}} \cong 1{,}0$ ata expandiert.

Bisher haben wir gefunden:

Teil (I) Regelstufe · · · · ·	$u^2 = 35532$ m²/s²
Teil (II) *HD*-Teil · · · · · ·	$\sum(u^2) = 89695$ m²/s²
Teil (IV) *ND*-Teil · · · · ·	$\sum(u^2) = 177953$ m²/s²
Teil I, II und IV · · · · ·	$\sum(u^2) = 303180$ m²/s².

Für die ganze Turbine soll sein $\sum(u^2) \cong 430000$ m²/s²; es bleibt also für den *MD*-Teil (III) ~ 126800 m²/s² übrig. Das adiabatische Gefälle des *MD*-Teils bei der Expansion von 4,3 auf 1,0 ata ist $H'_{\text{III}} \cong 67{,}5$; schätzen wir $\varrho_{\text{III}} \cong 0{,}035$, so ergibt sich $\sum(h_\varepsilon)_{\text{III}} \cong 70$ kC/kg und der Mittelwert von $\nu_\varepsilon = 0{,}465$. Führen wir den *MD*-Teil als einprofilige Stufengruppe mit $\operatorname{tg}\alpha_2 = \operatorname{tg}\beta_2 = 0{,}40$ und konstantem $\nu_\varepsilon = 0{,}465$ aus, so erhalten wir nach Abb. 40 $\frac{\nu'}{\nu_\varepsilon} = 1{,}306$, $\nu' = 1{,}306 \cdot 0{,}465 = 0{,}607$ und für die nullte Stufe nach Gl. (53)

$$d = 0{,}3615 \cdot \sqrt[3]{\delta_{\max} \cdot v_{\text{III}}}\,. \tag{53a}$$

Mit $v_{\text{III}} = 0{,}545$ und $\delta_{\max} = 15$ wird $d = 0{,}728 \cong 0{,}73$ m. Diesen Wert wollen wir auch für die erste Stufe beibehalten. Bei der letzten Stufe des *MD*-Teils ist der Gegendruck $p_{\text{IV}} = 1{,}0$ ata und $t_{\text{IV}} \cong 100^0$; hierzu gehört nach der Zustandsgleichung $v_{\text{IV}} = 1{,}733$ m³/kg. Hiermit und mit $\delta_{\min} = 7{,}5$ wird $d = 0{,}3615 \cdot \sqrt[3]{1{,}733 \cdot 7{,}5} = 0{,}85$ m. Wir haben also gefunden:

	für *MD*-Stufe	erste	letzte
	d m	0,73	0,85
Hieraus ergibt sich	u m/s	114,7	133,5
	$\frac{u}{\nu_\varepsilon} = c_\varepsilon$ m/s	245	287
	$\frac{c_\varepsilon^2}{8380} = h_\varepsilon$ kC/kg	7,2	9,8
und ein mittleres Expansionsgefälle kC/kg		$\cong 8{,}5$.	

Hieraus folgt eine Stufenzahl $Z_{\text{IV}} = \frac{70}{8{,}5} \cong 8{,}23$. Wir wählen 8 Stufen, wodurch das mittlere Expansionsgefälle $= \frac{70}{8} = 8{,}75$ wird. Lassen wir den Durchmesser und das Expansionsgefälle der ersten Stufe unverändert, so muß das Expansionsgefälle der letzten Stufe größer werden, und zwar $= 7{,}2 + 2 \cdot (8{,}75 - 7{,}2) \cong 10{,}3$. Damit wird für die letzte Stufe $c_\varepsilon = 294$, $u = 0{,}465 \cdot 294 = 136{,}8$ und $d = 0{,}87$ m. Nach Gl. (53) wird dann die Schaufellänge

$$L_s = 0{,}108\text{ m} \quad \text{und} \quad \delta_s = 8{,}05.$$

Zahlentafel 17.

(1)	$i_{w'}$	kC/kg	586,0						Gegeben
(2)	$h_{w'}$	„	12,6						„
(3)	w'	m/s	324,3						„
(4)	p_z	ata	0,177	0,19	0,21	0,22	0,23	0,24	Angenommen
(5)	i_{w0}	kC/kg	586,0	588,2	591,7	593,3	594,9	596,4	nach *is*-Tafel (Abb. 39)
(6)	h_ε''	„	0	2,2	5,7	7,3	8,9	10,4	= (5) − (1)
(7)	h_{w0}	„	12,6	10,4	6,9	5,3	3,7	2,2	= (2) − (6)
(8)	w_0	m/s	324,3	295,2	240,4	210,7	176,1	135,8	$= 91{,}53 \cdot \sqrt{(7)}$
(9)	ψ	—	0,85	=	=	=	=	=	Geschätzt
(10)	w_1	m/s	381,5	347,3	282,8	247,9	207,2	159,7	= (8) : (9)
(11)	h_{w1}	kC/kg	17,4	14,4	9,5	7,3	5,1	3,05	$= (10)^2 : 8380$
(12)	$h_{w1} - h_{w0}$	„	4,8	4,0	2,6	2,0	1,4	0,85	= (11) − (7)
(13)	$i_{c1} = i_{w1}$	„	581,2	584,2	589,1	591,3	593,5	595,55	= (5) − (12)
(14)	$(p \cdot v)_z$	at·m³/kg	1,465	1,474	1,488	1,495	1,502	1,508	nach Abb. 42
(15)	$v_{c'}$	m³/kg	8,275	7,76	7,09	6,8	6,53	6,28	≃ (14) : (4)
(16)	$w_{1a} = c_{1a}$	m/s	141,2	132,3	121,0	116,0	111,3	107,2	= 17,07 · (15) nach Gl. (55b)
(17)	w_1^2	m²/s²	145542	120617	79975	61454	42932	25504	$= (10)^2$
(18)	$c_{1a}^2 = w_{1a}^2$	„	19937	17503	14641	13456	12388	11492	$= (16)^2$
(19)	w_{1u}^2	„	125605	103114	65334	47998	30544	14012	= (17) − (18)
(20)	w_{1u}	m/s	354,4	321,1	255,6	219,1	174,8	118,4	$= \sqrt{(19)}$
(21)	u	„	243,5	=	=	=	=	=	Gegeben (S. 79)
(22)	c_{1u}	„	597,9	564,6	499,1	462,6	418,3	361,9	= (20) + (21)
(23)	c_{1u}^2	m²/s²	357485	318773	249100	213999	174975	130971	$= (22)^2$
(24)	c_1^2	„	377422	336276	263741	227455	187363	119479	= (18) + (23)
(25)	c_1	m/s	614,3	579,9	513,6	477,0	432,8	345,6	$= \sqrt{(24)}$

(26)	φ_1	—	0,95	=	=	=	=	=	Geschätzt
(27)	c'	m/s	646,6	610,4	540,6	502,1	455,6	363,8	= (25) : (26)
(28)	$h_{c'}$	kC/kg	49,9	44,5	34,9	30,1	24,8	15,8	= (27)^2 : 8380
(29)	$\operatorname{tg} \alpha_{c1}$	—	0,236	0,234	0,2425	0,2505	0,266	0,296	= (16) : (22)
(30)	h_{c1}	kC/kg	45,05	40,1	31,5	27,15	22,4	14,3	= (25)^2 : 8380
(31)	$h_{c'} - h_{c1}$	,,	4,9	4,4	3,4	3,0	2,4	1,5	= (28) − (30)
(32)	$i_{c'}$	,,	576,3	579,8	585,7	588,3	591,1	594,05	= (13) − (31)
(33)	h_{c0}	,,	1,0	=	=	=	=	=	Geschätzt
(34)	h'_ε	,,	48,9	43,5	33,9	29,1	23,8	14,8	= (28) − (33)
(35)	h_ε	,,	48,9	45,7	39,6	36,4	32,7	25,2	= (6) + (34)
(36)	r	—	0	0,0535	0,1595	0,200	0,303	0,413	= (6) : (35)
(37)	c_ε	m/s	640,0	618,8	576,0	552,2	523,4	459,5	$= 91{,}53 \cdot \sqrt{(35)}$
(38)	ν_ε	—	0,381	0,394	0,423	0,441	0,466	0,53	= (21) : (37)
(39)	w_{2u}	m/s	281,0	=	=	=	=	=	Gegeben (S. 82)
(40)	$\Sigma (w_u)$	,,	635,4	602,1	536,6	500,1	455,8	399,4	= (20) + (39)
(41)	η_ε	—	0,756	0,766	0,788	0,799	0,811	0,813	= 2,0 · (21) · (40) : (37)^2
(42)	$\operatorname{tg} \beta_{w1}$	—	0,398	0,412	0,473	0,529	0,637	0,904	= (16) : (20)
(43)	β_{w1}	∢	$\sim 21{,}5^0$	$\sim 22{,}5^0$	$\sim 25{,}5^0$	$\sim 28^0$	$\sim 32{,}5^0$	$\sim 42^0$	Entsprechend (42)
(44)	β_{w2}	,,	$\sim 24^0$	=	=	=	=	=	Gegeben (S. 79)
(45)	$\beta_{w1} + \beta_{w2}$	,,	$\sim 45{,}5^0$	$\sim 46{,}5^0$	$\sim 49{,}5^0$	$\sim 52^0$	$\sim 56{,}5^0$	$\sim 66^0$	= (43) + (44)
(46)	$i_1 = i_{c0}$	kC/kg					614,9		= (32) + (34)
(47)	p_1	ata					0,45		nach *is*-Tafel
(48)	x_1	—					0,972		nach *is*-Tafel
(49)	i'_1	kC/kg					(615,9)		= (28) + (32)
(50)	p'_1	ata					(0,460)		nach *is*-Tafel
(51)	x'_1	—					0,973		nach *is*-Tafel

Zahlentafel 18.

(1)	$i_{w'}$	kC/kg	613,0							Gegeben
(2)	$h_{w'}$	„	10,5							„
(3)	w'	m/s	296,2							„
(4)	p_z	ata	0,45	0,475	0,50	0,52	0,54	0,56	0,58	Angenommen
(5)	i_{w0}	kC/kg	613,0	615,0	616,9	618,4	619,8	621,2	622,5	nach *is*-Tafel (Abb. 39)
(6)	h''_ε	„	0	2,0	3,9	5,4	6,8	8,2	9,5	= (5) — (1)
(7)	h_{w0}	„	10,5	8,5	6,6	5,1	3,7	2,3	1,0	= (2) — (6)
(8)	w_0	m/s	296,2	266,85	235,1	206,7	176,1	138,8	91,5	$= 91{,}53 \cdot \sqrt{(7)}$
(9)	ψ_1	—	0,85	=	=	=	=	=	=	Geschätzt
(10)	w_1	m/s	348,4	313,9	276,5	243,2	207,2	163,3	108,5	= (8) : (9)
(11)	h_{w1}	kC/kg	14,5	11,8	9,1	7,1	5,1	3,2	1,4	$= (10)^2 : 8380$
(12)	$h_{w1} - h_{w0}$	„	4,0	3,3	2,5	2,0	1,4	0,9	0,4	= (11) — (7)
(13)	$i_{c1} = i_{w1}$	„	609,0	611,7	614,4	616,4	618,4	620,3	622,1	= (5) — (12)
(14)	$(p \cdot v)_z$	at·m³/kg	1,606	1,615	1,624	1,630	1,636	1,642	1,649	nach Abb. 42
(15)	$v_{c'}$	m³/kg	3,56	3,40	3,25	3,13	3,025	2,93	2,84	= (14) : (4)
(16)	$w_{1a} = c_{1a}$	m/s	128,8	123,2	117,7	113,3	109,5	106,0	102,8	= 36,2 · (15) nach Gl. (55c)
(17)	w_1^2	m²/s²	121382	98533	76452	59146	42932	26667	11772	$= (10)^2$
(18)	$c_{1a}^2 - w_{1a}^2$	„	16589	15178	13853	12837	11990	11236	10567	$= (16)^2$
(19)	w_{1u}^2	„	104793	83355	62599	46309	30942	15431	1205	= (17) — (18)
(20)	w_{1u}	m/s	323,7	288,7	250,2	215,2	175,9	124,2	34,7	$= \sqrt{(19)}$
(21)	u	„	235,6	=	=	=	=	=	=	Gegeben (S. 82)
(22)	c_{1u}	„	559,3	524,3	485,8	450,8	411,5	359,8	270,3	= (20) + (21)
(23)	c_{1u}^2	m²/s²	312816	274890	236001	203220	169332	129456	73062	$= (22)^2$
(24)	c_1^2	„	329405	290068	249854	216057	181322	140692	83629	= (18) + (23)
(25)	c_1	m/s	574,0	538,6	499,8	464,8	425,9	375,2	289,2	$= \sqrt{(24)}$

(26)	φ	—	0,95	=	=	=	=	=	=	Geschätzt
(27)	c'	m/s	604,2	566,9	526,1	489,2	448,3	394,9	304,4	= (25) : (26)
(28)	$h_{c'}$	kC/kg	43,6	38,35	33,0	28,6	24,0	18,6	11,1	= (27)^2 : 8380
(29)	$\mathrm{tg}\,\alpha_{c1}$	—	0,230	0,237	0,242	0,251	0,266	0,2945	0,380	= (16) : (22)
(30)	h_{c1}	kC/kg	39,3	34,6	29,8	25,8	21,65	16,8	10,0	= (25)^2 : 8380
(31)	$h_{c'} - h_{c1}$	,,	4,3	3,75	3,2	2,8	2,35	1,8	1,1	= (28) — (30)
(32)	$i_{c'}$	,,	604,7	607,95	611,2	613,6	616,05	618,5	621,0	= (13) — (31)
(33)	h_{c0}	,,	0	=	=	=	=	=	=	Geschätzt
(34)	h'_ε	,,	43,6	38,35	33,0	28,6	24,0	18,6	11,1	= (28) — (33)
(35)	h_ε	,,	43,6	40,35	36,9	34,0	30,8	26,8	20,6	= (6) + (34)
(36)	r	—	0	0,0496	0,106	0,159	0,221	0,306	0,46	= (6) : (35)
(37)	c_ε	m/s	604,4	581,5	556,0	533,7	508,0	473,8	415,4	$= 91{,}53 \cdot \sqrt{(35)}$
(38)	ν_ε	—	0,390	0,405	0,424	0,442	0,464	0,498	0,567	= (21) : (37)
(39)	w_{2u}	m/s	261,3	=	=	=	=	=	=	Gegeben (S. 82)
(40)	$\Sigma(w_u)$	,,	585,0	550,0	511,5	476,5	437,2	385,5	296,0	= (20) + (39)
(41)	η_ε	—	0,754	0,767	0,780	0,789	0,799	0,808	0,808	= 2,0 · (21) · (40) : (37)^2
(42)	$\mathrm{tg}\,\beta_{w1}$	—	0,398	0,426	0,470	0,526	0,623	0,853	2,96	= (16) : (20)
(43)	β_{w1}	∢	$\sim 22^0$	$\sim 23^0$	$\sim 25^0$	$\sim 28^0$	$\sim 32^0$	$\sim 40{,}5^0$	$\sim 71{,}5^0$	Entsprechend (42)
(44)	β_{w2}	,,	$\sim 22^0$	=	=	=	=	=	=	Gegeben (S. 82)
(45)	$\beta_{w1} + \beta_{w2}$	,,	$\sim 44^0$	$\sim 45^0$	$\sim 47^0$	$\sim 50^0$	$\sim 54^0$	$\sim 62{,}5^0$	$\sim 93{,}5^0$	= (43) + (44)
(46)	$i_1 = i_{c0}$	kC/kg					640,0			= (32) + (34)
(47)	p_1	ata					1,0			nach *is*-Tafel
(48)	$t_1 \mid x_1$	°C ¦ —					100^0			

Die gefundenen Abmessungen sind in Zahlentafel 19 zusammengestellt.

Zahlentafel 19.

Turbinenteil		I Regelstufe	II *HD*-Teil	III *MD*-Teil	IV *ND*-Teil
Stufenzahl		1	11	8	3
Bauart		*A*-Stufe	*R*-Trommel-Stufen	*R*-Trommel-Stufen	*R*-Kammer-Stufen
Durchmesser	m	1,2	0,575	0,73—0,87	1,5—1,6
Schaufellängen	„	0,035	0,038—0,077	0,050—0,108	0,100—0,350
$\Sigma(u^2)$	m^2/s^2	35532	89700	126800	177950
=	„	~430000			
Einströmung d_0	m	0,3			
Abdampfstutzen F_A	m^2	2,89			

8. Berechnung von einprofiligen Stufengruppen.

a) Gleiche Durchmesser und kongruente Geschwindigkeitsdreiecke.

Gegeben ist G, n, der Anfangszustand p_{II}, J_{II} und die obere Zustandslinie. Durch die Überschlagsrechnung haben wir gefunden d, u, $\alpha_2 = \beta_2$, $c_\varepsilon = \frac{u}{\nu_\varepsilon}$, $h_\varepsilon = \frac{c_\varepsilon^2}{8380}$ und $h_\varepsilon' = h_\varepsilon'' = 0{,}5 \cdot h_\varepsilon$. Aus Abb. 40 entnehmen wir $\frac{\nu'}{\nu_\varepsilon}$; hieraus ν' und $c' = \frac{u}{\nu'}$; $h_{c'} = \frac{c'^2}{8380}$; $h_{w0} = h_{c'} - h_\varepsilon'$; $w_0 = 91{,}53 \cdot \sqrt{h_{w0}}$. Die Zuflußgeschwindigkeit C_0 zur Stufengruppe ist im allgemeinen nicht gerade gleich w_0, so daß h_ε' bei den Düsen der ersten Stufe größer oder kleiner als bei den übrigen Stufen ist. Bei kleinem Stufengefälle kann aber zur Vereinfachung $C_0 = w_0$ gesetzt werden, so daß dann auch bei den Düsen der ersten Stufe $h_\varepsilon' = 0{,}5 \cdot h_\varepsilon'$ ist.

Die graphische Berechnung erfolgt gemäß Abb. 39. Wir schätzen die Zuflußenergie der ersten Stufe $H_{0\mathrm{II}}$ und tragen von J_{II} (= i_{c0} in Abb. 39) aus die Adiabate h_ε' ein; ihr Endpunkt ist $i_{c'}$. Die durch $i_{c'}$ gehende Isobare gibt den Zwischendruck p_z an. Der Schnittpunkt i_{w0} der p_z-Linie mit der oberen Zustandslinie ist näherungsweise der Anfangszustand der Laufschaufelexpansion. Von i_{w0} aus tragen wir die Adiabate h_ε'' ein; ihr Endpunkt ist $i_{w'}$. Die durch $i_{w'}$ gehende Isobare gibt den Gegendruck p_2 der ersten Stufe an. Der Schnittpunkt i_{c0} der p_z-Linie mit der oberen Zustandslinie ist der Anfangszustand der Leitschaufelexpansion der zweiten Stufe. In derselben Weise verfahren wir bei allen folgenden Stufen der Gruppe. Am Ende der der letzten Stufe der Gruppe sind wir in der Nähe des bisher nur vorläufig festgelegten Punktes J_{III} angelangt, dessen Lage hierdurch endgültig bestimmt ist. Zu jedem Druck gehört ein bestimmtes spezifisches Volumen v, das sich mit genügender Genauigkeit aus Abb. 41 abgreifen läßt. Die theoretischen Schaufellängen L' bei Spalt O ergeben sich nach der Kontinuitätsgleichung

$$L' = \frac{G \cdot e}{d \cdot \pi \cdot \sin \alpha_2 \cdot c'} \cdot v \,. \tag{57}$$

Wir wählen das radiale Schaufelspiel L_{sp}; hieraus ergeben sich $L_g = \mu \cdot L_{sp}$ und die auszuführenden Schaufellängen

$$L = L' - L_g \,.$$

Beim Rechnungsbeispiel ist $h'_\varepsilon = h''_\varepsilon = 2{,}3$ kC/kg. Beim Eintragen derartig kleiner Gefälle ist die Bestimmung der Zwischendrücke selbst bei der *is*-Tafel von Wagner sehr ungenau. Deshalb ist in einem solchen Fall ein anderes Verfahren vorzuziehen, bei dem die Ungenauigkeit vermieden oder doch wenigstens bedeutend verringert wird.

b) Berechnung einer einprofiligen Stufengruppe unter verschiedenen Verhältnissen.

Während im vorigen Abschnitt ein ganz bestimmter, und zwar der einfachste, Fall einer Stufengruppe behandelt ist, soll in diesem Abschnitt eine Reihe von Fällen unter verschiedenen Annahmen berechnet werden. Die Zahlenrechnung soll für die Verhältnisse des *HD*-Teils (II) durchgeführt werden. Als gegeben soll angesehen werden: $G = 12{,}725$ kg/s, $\operatorname{tg} \alpha_2 = \operatorname{tg} \beta_2 = 0{,}40$, $\varphi_1 = \psi_2 = 0{,}95$, $\varphi_2 = \psi_1 = 0{,}85$, der Mittelwert $\nu_{\varepsilon m}$ der Gruppe $= 0{,}46$, der Anfangszustand $p_{\text{II}} = 10$ ata und der Verlauf der oberen Zustandslinie. Dagegen kann ν_ε in den einzelnen Stufen der Gruppe teils etwas kleiner, teils etwas größer als der Mittelwert $\nu_{\varepsilon m}$ sein; ferner können sich Durchmesser und Schaufellänge von Stufe zu Stufe ändern.

Zur genaueren Berechnung von

$$\sum(h_\varepsilon) = \sum(h'_\varepsilon + h''_\varepsilon)$$

wollen wir folgendes Näherungsverfahren anwenden. Wir greifen aus der oberen Zustandslinie den für die Stufengruppe in Betracht kommenden Teil $J_{\text{II}} J_{\text{III}}$ heraus (Abb. 43). Den Gegendruck der Gruppe hatten wir bei der Überschlagsrechnung näherungsweise $= 4{,}3$ ata bestimmt. Da wir nicht wissen, ob wir bei der genaueren Berechnung nicht vielleicht auf einen etwas niedrigeren Gegendruck kommen werden, nehmen wir zur Sicherheit als Gegendruck einen Druck p_{III} an, der genügend tief unter-

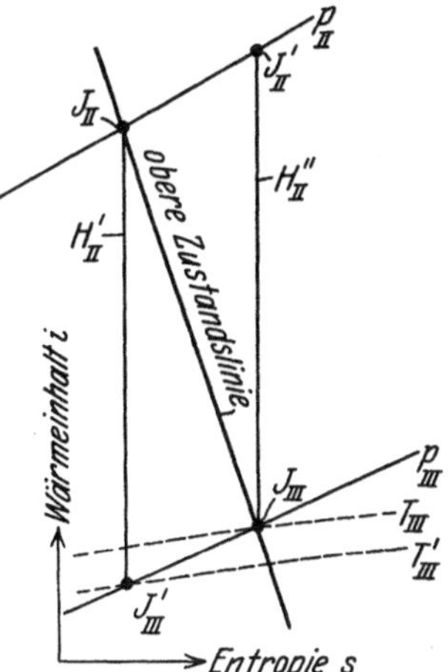

Abb. 43. Konstruktion des Wärmerückgewinns.

halb des Näherungswertes liegt, z. B. 4,0 statt 4,3 ata. Der Schnittpunkt der p_{III}-Kurve mit der Zustandslinie sei J_{III}. Wir ziehen die Adiabaten $H'_{II} = J_{II}J'_{III}$ und $H''_{II} = J'_{II}J_{III}$. Die Summe der Expansionsgefälle $\sum(h_s)$ muß größer als H'_{I}, aber kleiner als H''_{II} sein. Je kleiner die Stufenzahl Z ist, um so mehr nähert sich $\sum(h_s)$ dem Werte H'_{II}. Bei $Z = \infty$ ist

$$\sum(h_s)_\infty \cong 0{,}5 \cdot (H'_{II} + H''_{II}) \,. \tag{58}$$

Näherungsweise können wir setzen

$$\sum(h_s) = \frac{H'_{II} \cdot (2 \cdot Z + 1) + H''_{II} \cdot (2 \cdot Z - 1)}{4 \cdot Z} \,. \tag{59}$$

Ist beispielsweise $H'_{II} = 50$, $H''_{II} = 52$ kC/kg und $Z = 11$, so ist nach Gl. (59)

$$\sum(h_s) \quad = 50{,}95\,\text{kC/kg}$$

und nach Gl. (58)

$$\sum(h_s)_\infty = 51{,}00\,\text{kC/kg} \,.$$

Wir sehen also, daß sich bei 11 Stufen die Summe der Expansionsgefälle vom Mittelwert aus H'_{II} und H''_{II} praktisch nicht unterscheidet. Deshalb wollen wir beim Rechnungsbeispiel einfach setzen

$$\sum(h_s) \cong 0{,}5 \cdot (H'_{I} + H''_{II}) \,. \tag{60}$$

Ist ϱ_∞ der Rückgewinnungsfaktor bei $Z = \infty$, so folgt aus Gl. (58) und (59)

$$\frac{\varrho}{\varrho_\infty} = \frac{2 \cdot Z - 1}{2 \cdot Z} \,. \tag{61}$$

Gl. (59) und (61) gelten jedoch nur für Überdruckstufen mit $r \cong 0{,}5$; bei Gleichdruckstufen mit $r = 0$ ist

$$\frac{\varrho}{\varrho_\infty} = \frac{Z - 1}{Z} \,. \tag{62}$$

Für Überdruckstufen mit $r < 0{,}5$ kann man näherungsweise setzen:

$$\frac{\varrho}{\varrho_\infty} \cong \frac{[1 + 4 \cdot r \cdot (1 - r)] \cdot Z - 1}{[1 + 4 \cdot r \cdot (1 - r)] \cdot Z} \,. \tag{63}$$

Bei idealen Gasen ist mit den Bezeichnungen nach Abb. 43

$$\varrho_\infty = \frac{T_{III} - T'_{III}}{2 \cdot T'_{III}} \tag{64}$$

oder, wenn man $\frac{p_{II}}{p_{III}} = E$ setzt,

$$\varrho_\infty = \frac{\left(E^{\frac{\varkappa - 1}{\varkappa}} - 1\right) \cdot (1 - \eta_i)}{2} \,. \tag{65}$$

Solange die Expansion im Überhitzungsgebiet vor sich geht, können Gl. (64) und (65) auch bei Wasserdampf angewendet werden. In Abb. 44 ist ϱ_∞ für $\varkappa = 1{,}3$ und $\eta_i = 0{,}7$ bis 0,9 aufgetragen.

In Abb. 45 ist über dem Druck das adiabatische Gefälle bei der Expansion von J_{II} aus und das adiabatische Gefälle bei der Expansion von J'_{II} aus aufgetragen, wobei $p_{\mathrm{III}} = 4{,}0$ ata angenommen ist.

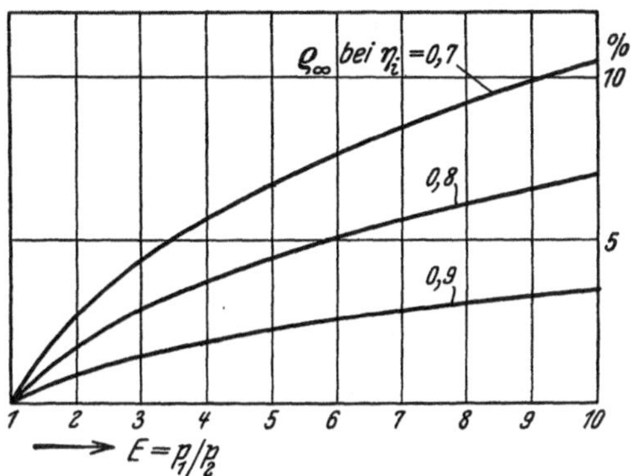

Abb. 44. Wärmerückgewinn bei idealen Gasen mit $\varkappa = 1{,}3$ bei $Z = \infty$.

Die Ordinate des Punktes M ist $= 0{,}5\cdot(H' + H'')$. Wir ziehen durch den Anfangspunkt O bei $p = 10$ ata und durch M eine Kurve $\overline{OM}$ derart, daß sie, bei 10 ata angefangen, sich zuerst der Kurve OH' anschmiegt, dann sich immer weiter von ihr entfernt und schließlich durch den Punkt M geht. Aus der is-Tafel entnehmen wir die zur oberen Zustandslinie gehörigen Temperaturen t und tragen sie nebst den zugehörigen Werten von v in Abb. 45 ein.

Aus der Kontinuitätsgleichung folgt die Grundgleichung

$$\boldsymbol{d\cdot L'\cdot w' = \left(\frac{G\cdot e}{\pi\cdot \sin\beta_2}\right)\cdot v_{w'} = m\cdot v_{w'}}. \tag{66}$$

Setzen wir $\frac{e}{\sin\beta_2} = \frac{1}{\sin\beta_2 - 0{,}04}$ und die Zahlenwerte in Gl. (66) ein, so wird

$$m = \frac{12{,}725\cdot 3{,}02}{3{,}14} = 12{,}14\cdot \mathrm{kg/s}\,. \tag{66a}$$

Von den vielen möglichen Fällen sollen einige besprochen werden.

Fall 1. Angenommen $d = $ konst, $\nu_\varepsilon = $ konst. Dann ist auch ν', c' und w_0 konstant. Damit wird

$$L' = \frac{m}{d\cdot c'}\cdot v_{w'} = m_1\cdot v_{w'}\,. \tag{67}$$

Dies ist der im vorigen Abschnitt besprochene einfachste Fall. Wir hatten bereits festgelegt: $d = 0{,}575$ m, $u = 90{,}32$ m/s, $\nu_\varepsilon = 0{,}46$, $c_\varepsilon = \frac{u}{\nu_\varepsilon} = 196{,}3$ m/s, $h_\varepsilon = 4{,}6$ kC/kg, $h'_\varepsilon = h''_\varepsilon = 2{,}3$ kC/kg. Nach Abb. 40 wird $\nu' = 0{,}600$; hieraus $c' = w' = 150{,}5$ m/s, $h_{c'} = 2{,}7$, $h_{w0} = h_{c0} = 0{,}4$ kC/kg. Damit wird $m_1 = 0{,}1403$ kg/m² und $L' = 0{,}1403\cdot v_{c'}$. Der Einfachheit halber wollen wir annehmen, daß die Zuflußenergie H_{C0}

zu den Düsen der ersten Stufe $= h_{w0} = 0{,}4$ ist. Dann ist auch für die Düsen der ersten Stufe $h_s' = 2{,}3$ kC/kg.

Aus Abb. 45 könnte man die Stufeneinteilung unmittelbar abgreifen; wir können aber auch die Berechnung tabellarisch durchführen, siehe Zahlentafel 20.

Als Enddruck hat sich $p_{III} = 4{,}25$ ata, also fast genau der durch die Überschlagsrechnung gefundene Wert ergeben.

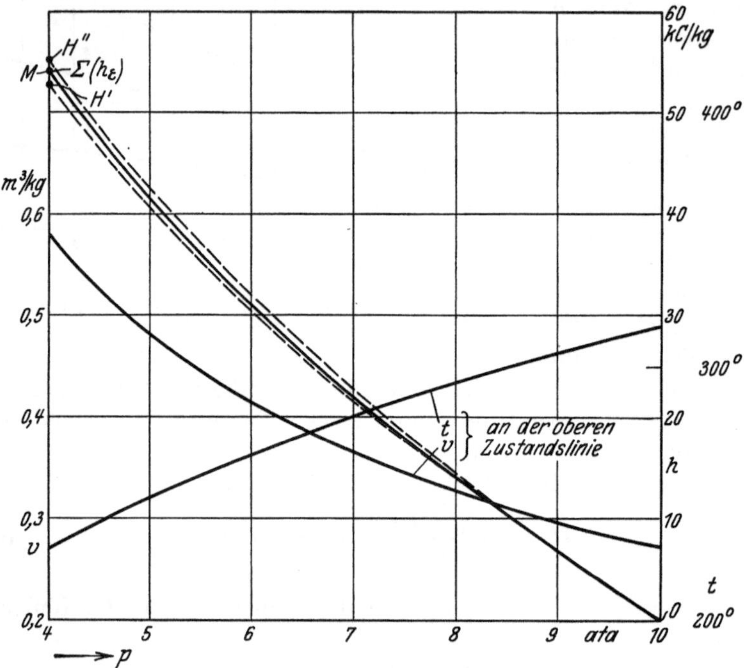

Abb. 45. Zustandskurven des *HD*-Teils.

Nach Gl. (67) ist für die nullte Stufe

$$L' = \frac{d}{\delta_{max}} = m_1 \cdot v_{II},$$

für die letzte Stufe

$$L' = \frac{d}{\delta_{min}} = m_1 \cdot v_{III}.$$

Daraus ergibt sich das Grenzvolumenverhältnis

$$\Phi = \frac{v_{max}}{v_{min}} = \frac{\delta_{max}}{\delta_{min}}. \tag{68}$$

Bei $\delta_{max} = 15$ und $\delta_{min} = 7{,}5$ ist $\Phi = 2$.

Fall 2. Angenommen ist: $d =$ konst, $L' =$ konst. Dann ist δ ebenfalls konstant, dagegen sind ν_ε, ν', w' und c' veränderlich.

Aus der Grundgleichung (66) folgt

$$w' = \frac{m}{d \cdot L'} \cdot v_{w'} = m_2 \cdot v_{w'}. \qquad (69)$$

In diesem Fall können wir den durch die Überschlagsrechnung gefundenen Wert von d nicht mehr verwenden, sondern müssen ihn neu bestimmen. Da sich der Wert w' einer Stufe vom Wert c' derselben Stufe nur ganz wenig unterscheidet, kann $\nu' = \frac{u}{w'}$ gesetzt werden. Dann wird

$$w' = \frac{m \cdot \delta}{d^2} \cdot v_{w'} = \frac{d \cdot \pi \cdot n}{60 \cdot \nu'}, \qquad (70)$$

$$d = \sqrt[3]{\frac{m \cdot \delta \cdot 60 \cdot \nu'}{\pi \cdot n} \cdot v_{w'}}, \qquad (71)$$

$$v_{w'} = \frac{d^3 \cdot \pi \cdot n}{m \cdot \delta \cdot 60 \cdot \nu'}. \qquad (72)$$

Bei gegebenem $\alpha_2 = \beta_2$ ändert sich α_{c2} und β_{w1} mit ν'. Da wir aber α_1 und β_1 konstant halten wollen, dürfen wir α_{c2} und β_{w1} nicht zu sehr von α_1 und β_2 abweichen lassen, weil sonst der Stoßverlust beim Eintritt des Dampfes in die Schaufelkanäle zu groß würde. Deshalb wollen wir vorschreiben, daß w' höchstens um einen bestimmten Betrag,

Zahlentafel 20.

	Stufe	Nr.	1	2	3	4	5	6	7	8	9	10	11	
(1)	p_1	ata	10,0	9,33	8,68	8,05	7,45	6,89	6,37	5,89	5,44	5,01	4,62	= (12) der vorigen Stufe
(2)	Σh_ε	kC/kg	0,0	4,6	9,2	13,8	18,4	23,0	27,6	32,2	36,8	41,4	46,0	= (11) der vorigen Stufe
(3)	h'_ε	,,	2,3	=	=	=	=	=	=	=	=	=	=	Gegeben
(4)	Σh_ε	,,	2,3	6,9	11,5	16,1	20,7	25,3	29,9	34,5	39,1	43,7	48,3	= (2) + (3)
(5)	p_z	ata	9,66	9,00	8,36	7,75	7,16	6,62	6,13	5,66	5,22	4,81	4,43	nach Abb. 45
(6)	$v_{c'}$	m³/kg	0,280	0,297	0,315	0,336	0,358	0,382	0,408	0,436	0,465	0,497	0,531	nach Abb. 45
(7)	L'_d	mm	39,3	41,7	44,1	47,1	50,2	53,5	57,2	61,1	65,2	69,7	74,5	= 1403 · (6)
(8)	L_g	,,	1,0	=	=	=	=	=	=	=	=	=	=	Geschätzt
(9)	L_d	,,	38,3	40,7	43,1	46,1	49,2	52,5	56,2	60,1	64,2	68,7	73,5	= (7) — (8)
(10)	h''_ε	kC/kg	2,3	=	=	=	=	=	=	=	=	=	=	Gegeben
(11)	$\Sigma (h_\varepsilon)$	,,	4,6	9,2	13,8	18,4	23,0	27,6	32,2	36,8	41,4	46,0	50,6	= (4) — (10)
(12)	p_2	ata	9,33	8,68	8,05	7,45	6,89	6,37	5,89	5,44	5,01	4,62	4,25	nach Abb. 45
(13)	$v_{w'}$	m³/kg	0,288	0,306	0,325	0,347	0,370	0,395	0,422	0,450	0,481	0,513	0,550	nach Abb. 45
(14)	L'_s	mm	40,4	42,9	45,5	48,7	51,9	55,4	59,2	63,1	67,5	72,0	77,0	= 1403 · (13)
(15)	L_g	,,	1,0	=	=	=	=	=	=	=	=	=	=	Geschätzt
(16)	L_s	,,	39,4	41,9	44,5	47,7	50,9	54,4	58,2	62,1	66,5	71,0	76,0	= (14) — (15)

z. B. $\pm 20\%$, vom Mittelwert w'_m abweichen darf[1]. Wir hatten als Mittelwert $\nu'_m \cong 0{,}60$ gefunden und wollen $\nu'_{\min} = 0{,}48$ und $\nu'_{\max} = 0{,}72$ oder $\frac{\nu'_{\max}}{\nu'_{\min}} \cong 1{,}5$ setzen. Da δ konstant ist, wollen wir hierfür einen zwischen $\delta_{\max}$ und $\delta_{\min}$ liegenden Wert, z. B. 10, wählen.

Bei der nullten Stufe ist $\nu' = \nu'_{\max}$ und $v_{w'} \cong v_{II}$; damit wird

$$d = \sqrt[3]{\frac{12{,}14 \cdot 10 \cdot 60 \cdot 0{,}2735 \cdot 0{,}720}{3{,}14 \cdot 3000}} = 0{,}534\,\mathrm{m} \tag{71a}$$

und $u = 83{,}9$; $w' = c' = \frac{u}{\nu'_{\max}} = 116{,}5$ m/s. Für alle Stufen gilt $L' = \frac{d}{\delta} = 0{,}0534$ und nach Gl. (69) $m_2 = 426$ kg/sm² und $w' = 426 \cdot v_{w'}$.

Bei der letzten Stufe ist $w' = c' = \frac{u}{\nu'_{\max}} = 174{,}8$ m/s und nach Gl. (69) $v_{III} = \frac{w'}{m_2} = 0{,}410$ m³/kg. Hierzu gehört nach Abb. 45 ein Druck $p \cong 6{,}1$ ata. Bei den für ν' gemachten Annahmen verzehrt also eine Stufengruppe nach Fall 2 weniger Gefälle als nach Fall 1.

Mit c' ändert sich auch h_{w0}, und zwar nach der Gleichung

$$h_{w0} = \frac{w_0^2}{8380} = \frac{\psi_1^2 \cdot (\varphi_1^2 \cdot c'^2 + u^2 - 2 \cdot u \cdot \varphi_1 \cdot c' \cdot \cos\alpha_2)}{8380}, \tag{73}$$

$$= \frac{c'^2 - 164 \cdot c' + 7860}{12850}. \tag{73a}$$

In Abb. 46 ist nach dieser Gleichung h_{w0} abhängig von c' aufgetragen. Die Berechnung der Stufeneinteilung erfolgt am besten graphisch.

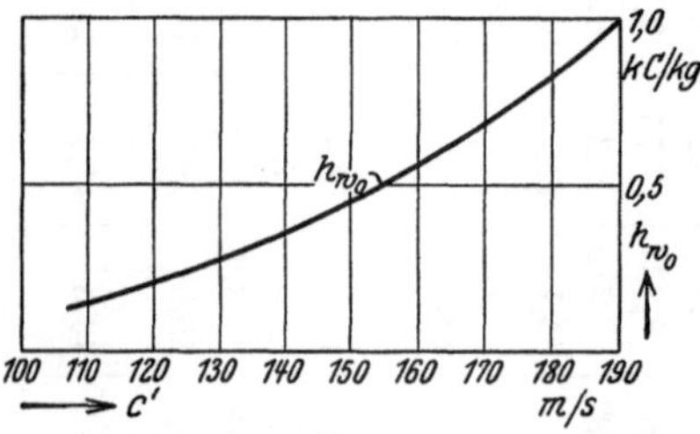

Abb. 46. Einprofilige Überdruckstufengruppe nach Fall 2.

Hierzu könnte ohne weiteres Abb. 45 benutzt werden; es ist jedoch praktischer, als Abszissen $\sum(h_\varepsilon)$ und als Ordinate p und v zu verwenden, wie in Abb. 47 dargestellt ist. Außerdem ist $c' = 426 \cdot v$, $h_{c'} = \frac{c'^2}{8380}$ und h_{w0} nach Abb. 46 aufgetragen. Es soll angenommen werden, daß die Zuflußenergie H_{C0} zu den Düsen der ersten Stufe gleich dem aus Abb. 47 bei $\sum(h_\varepsilon) = 0$ abzugreifenden Wert von h_{C0}, also gleich der Strecke $\overline{OA}$ ist. Wir ziehen durch A unter 45° eine Gerade, die die $h_{c'}$-Kurve in B schneidet. Dann ist $\overline{BC} = H_{C0} + h'_\varepsilon = h_{c'}$. Die Strecke $\overline{CD}$ ist $= h_{w0}$. Wir ziehen durch D unter 45° eine Gerade, die die $h_{c'}$-Kurve in E schneidet. Dann ist $\overline{EF} = h_{w0} + h''_\varepsilon = h_{w'}$ usw. Wir setzen

[1] Nach Stodola (L. 13, S. 232) soll die Geschwindigkeit w' der letzten Stufe nicht mehr als das 1,4- oder 2-fache der ersten sein.

dies Verfahren so lange fort, bis wir in die Nähe von $p = 6{,}1$ ata gekommen sind. Wollten wir noch weitere Stufen mit demselben Durchmesser und derselben Schaufellänge ausführen, so müßten wir die

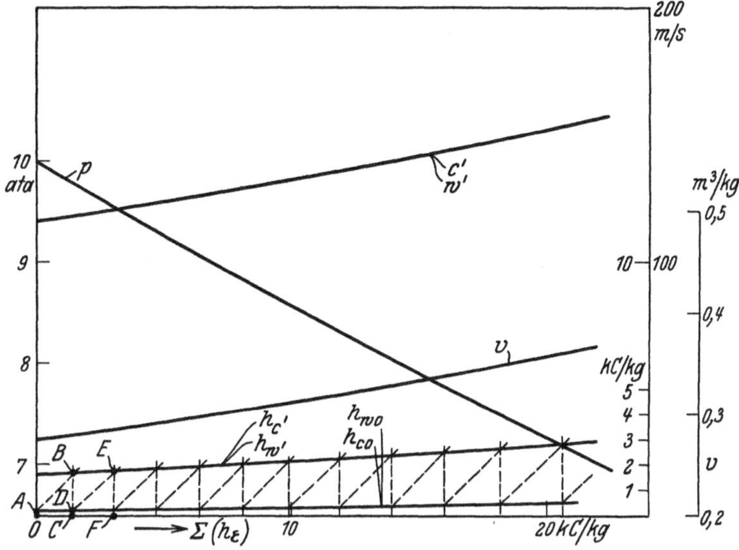

Abb. 47. Einprofilige Überdruckstufengruppe nach Fall 2.

Austrittswinkel α_2 und β_2 vergrößern oder für $\nu'_{\max}$ einen größeren Wert als oben angenommen zulassen. Als Grenzvolumenverhältnis der Gruppe ergibt sich

$$\Phi = \frac{v_{\max}}{v_{\min}} = \frac{\nu'_{\max}}{\nu'_{\min}}.$$

Bei den für ν' gemachten Annahmen ist

$$\Phi = \frac{1{,}2}{0{,}8} = 1{,}5\,.$$

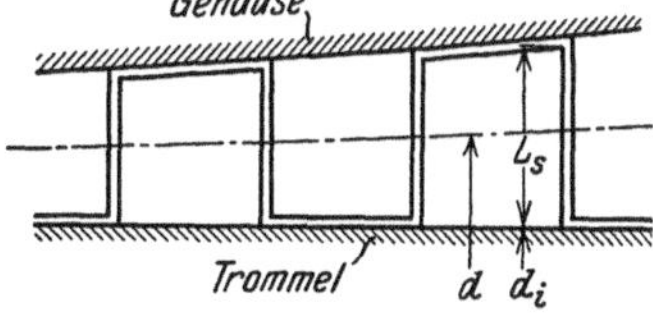

Abb. 48. Trommelstufengruppe nach Fall 3.

Fall 3. Angenommen: $(d - L') = d_i = \text{konst}$ (Abb. 48), $\nu_c = \text{konst} = 0{,}46$. Damit ist auch $\nu' = \text{konst} = 0{,}60$.

Wir setzen $d = \delta \cdot L'$. Da L' von Stufe zu Stufe größer wird, wollen wir wieder 2 Grenzwerte $\delta_{\max} = 15$ für die nullte Stufe und $\delta_{\min} = 7{,}5$ für die letzte Stufe festsetzen.

Für die nullte Stufe wird nach Gl. (66)

$$d \cdot L' \cdot w' = \frac{d^2}{\delta_{\max}} \cdot w' = m \cdot v_{\mathrm{II}}\,, \tag{74}$$

$$d = \sqrt[3]{\frac{m \cdot \delta_{\max} \cdot 60 \cdot \nu' \cdot v_{\mathrm{II}}}{\pi \cdot n}}\,. \tag{75}$$

Setzt man die Zahlenwerte ein, so erhält man wie in Fall 1

$$d_{min} = 0{,}575\,\mathrm{m}.$$

$L' = \frac{d}{15} \cong 0{,}038$ m. Hieraus ergibt sich für alle Stufen der Gruppe $d_i = 0{,}575 - 0{,}038 = 0{,}537$ m.

Für die letzte Stufe ist $\delta_{min} = 7{,}5$. Damit wird $L' = \frac{d}{\delta_{min}} = \frac{d_i}{\delta_{min} - 1}$ und $d_{max} = 0{,}537 + 0{,}083 \cong 0{,}620$ m, $u = 97{,}4$. Das Endvolumen wird nach Gl. (66)

$$v_{III} = \frac{d \cdot L' \cdot w'}{m} = 0{,}687\,\mathrm{m^3/kg}. \tag{76}$$

Dem entspricht ein Druck $p_{III} \cong 3{,}25$ ata.

Für die graphische Berechnung formen wir Gl. (74) etwas um und schreiben

$$d \cdot (d - d_i) \cdot \frac{d \cdot \pi \cdot n}{60 \cdot \nu'} = m \cdot v,$$

$$d^2 \cdot (d - d_i) = m \cdot \frac{60 \cdot \nu'}{\pi \cdot n} \cdot v = m_3 \cdot v. \tag{77}$$

Zu jedem Wert von d gehört ein bestimmter Wert von v. Man trägt wieder, wie in Abb. 47, p und v über $\sum(h_\varepsilon)$ auf; ferner trägt man d nach Gl. (77), $c' = \frac{d \cdot \pi \cdot n}{60 \cdot \nu'}$; $h_{c'} = \frac{c'^2}{8380}$ und, nach Gl. (73), h_{w0} auf. Die graphische Berechnung geschieht dann in derselben Weise wie bei Fall 2.

Das Grenz-Volumenverhältnis ist nach Gl. (75) und (76)

$$\Phi = \frac{v_{max}}{v_{min}} = \left(\frac{d_{max}}{d_{min}}\right)^3 \cdot \frac{\delta_{max}}{\delta_{min}}.$$

Aus $d = d_i + L'$ und $L' = \frac{d}{\delta}$ ergibt sich

$$d_{max} = d_i \cdot \frac{\delta_{min}}{\delta_{min} - 1} \quad \text{und} \quad d_{min} = d_i \cdot \frac{\delta_{max}}{\delta_{max} - 1}.$$

Damit wird

$$\Phi = \left(\frac{\delta_{min}}{\delta_{max}}\right)^2 \cdot \left(\frac{\delta_{max} - 1}{\delta_{min} - 1}\right)^3. \tag{78}$$

Bei $\delta_{max} = 15$ und $\delta_{min} = 7{,}5$ wird $\Phi = 2{,}5$.

Fall 4. Angenommen δ = konst, ν_ε und ν' = konst, während d von Stufe zu Stufe größer wird.

Aus Gl. (66) folgt

$$\frac{d^3 \cdot \pi \cdot n}{\delta \cdot 60 \cdot \nu'} = m \cdot v_{w'}$$

und

$$d^3 = \frac{60 \cdot \delta \cdot \nu'}{\pi \cdot n} \cdot m \cdot v_{w'} = m_4 \cdot v_{w'}. \tag{79}$$

Wir wählen $\delta = 10$. Bei $\nu_\varepsilon \cong 0{,}46$ wird $\nu' \cong 0{,}600$ (Abb. 40). Damit wird

$$m_4 = \frac{12{,}14 \cdot 60 \cdot 10 \cdot 0{,}600}{3{,}14 \cdot 3000} = 0{,}464\,\mathrm{kg},$$

$$d = 0{,}774 \cdot \sqrt[3]{v}\,. \tag{79a}$$

Zur graphischen Berechnung der Stufeneinteilung trägt man p und v über $\sum(h_\varepsilon)$ auf; ferner d nach Gl. (79a); $c' = \frac{d \cdot \pi \cdot n}{60 \cdot \nu'}$; $h_{c'} = \frac{c'^2}{8380}$; h_{w0} nach Gl. (73). Im übrigen geht man wieder vor wie bei Fall 2 und 3.

Das Grenzvolumenverhältnis ist

$$\Phi = \frac{v_{\max}}{v_{\min}} = \left(\frac{d_{\max}}{d_{\min}}\right)^3,$$

kann also beliebig groß sein.

Selbstverständlich sind noch viele andere Fälle denkbar, die sich aber alle in ähnlicher Weise behandeln lassen.

c) Berechnung des Mitteldruckteils (III).

Der *MD*-Teil kann nach Fall 4 (S. 96) berechnet werden. Bei der Berechnung ergibt sich der genaue Wert von p_{IV}. Der Rechnungsgang soll hier nicht wiedergegeben werden.

Vielfach wird eine Stufengruppe, bei der die Durchmesser von Stufe zu Stufe zunehmen, derart ausgeführt, daß der Durchmesser von Stufe zu Stufe um den gleichen Betrag zunimmt; dasselbe gilt von der Schaufellänge. Dabei kann man es auch so einrichten, daß der Wert δ in allen Stufen derselbe ist. In solchen Fällen ändert sich ν_ε und ν' von Stufe zu Stufe. Bei der Berechnung, die ähnlich wie bei Fall 1 bis 4 durchgeführt werden kann, ist darauf zu achten, daß ν' nicht zu stark vom Mittelwert abweicht.

9. Berechnung der *ND*-Stufen als Einzelstufen.

Der Anfangsdruck p_{IV} ist durch die Berechnung des *MD*-Teils festgelegt. Die übrigen Drücke und die Austrittswinkel der Düsen und Laufschaufeln werden aus den Zahlentafeln 16 bis 18 entnommen. Daraus ergeben sich dann die Düsenendhöhen und Schaufellängen, die im allgemeinen von denen der Überschlagsrechnung etwas abweichen werden Die *ND*-Stufen wollen wir als Kammerstufen ausführen; die Laufschaufeln werden auf Radscheiben befestigt, und die Düsen sind in Zwischenböden angebracht, die bis nahe an die Radnaben heranreichen. Den Leitschaufelleckdampf wollen wir wegen seiner verhältnismäßigen Geringfügigkeit vernachlässigen. Die Zahlenrechnung ist in Zahlentafel 21 durchgeführt.

Zahlentafel 21.

	ND-Stufe	Nr.	1	2	3	
(1)	d	m	1,50	1,55	1,60	Gewählt
(2)	u	m/s	235,6	243,5	251,3	$=$ (1) $\cdot \pi \cdot n/60$
(3)	p_1'	ata	1,0	(0,464)	(0,185)	$=$ (99) } der vorigen Stufe
(4)	i_1'	kC/kg	644,9	(619,95)	(592,4)	$=$ (98) } der vorigen Stufe
(5)	p_1	ata	1,0	0,45	0,177	$=$ (63) } der vorigen Stufe
(6)	$t_1 \| x_1$	°C | —	111°	0,979	0,946	nach *is*-Tafel
(7)	i_1	kC/kg	644,9	619,0	590,8	$=$ (97) der vorigen Stufe
(8)	p_z	ata	0,54	0,23	0,075	nach Zahlentafel 16—18
(9)	$i_{c'}$	kC/kg	620,4	594,7	562,8	nach *is*-Tafel
(10)	h_s'	,,	24,5	24,3	28,0	$=$ (7) $-$ (9)
(11)	h_{c0}	,	0	0,95	1,56	$=$ (91) der vorigen Stufe
(12)	$h_{c'}$	,,	24,5	25,25	29,56	$=$ (10) $+$ (11)
(13)	c'	m/s	453,0	460,0	497,6	$= 91{,}53 \cdot \sqrt{(12)}$
(14)	$x_{c'}$	—	0,978	0,948	0,9115	nach *is*-Tafel
(15)	[bei $x = 1{,}0$] v_z''	m³/kg	3,075	6,84	19,6	nach Abb. 42 (Grenzkurve)
(16)	$v_{c'}$	,,	3,007	6,49	17,85	$=$ (14) $\cdot$ (15)
(17)	$c'/v_{c'}$	kg/s·m²	150,7	70,9	27,85	$=$ (13) : (16)
(18)	p_m	ata	0,58	0,27	0,1075	$\simeq 0{,}58 \cdot$ (3)
(19)	i_m'	kC/kg	623,3	600,2	574,2	nach *is*-Tafel
(20)	h_m	,,	21,6	18,8	16,6	$=$ (7) $-$ (19)
(21)	h_m'	,,	21,6	19,75	18,16	$=$ (11) $+$ (20)
(22)	c_m'	m/s	425,4	406,8	390,1	$= 91{,}53 \cdot \sqrt{(21)}$
(23)	x_m'	—	0,982	0,955	0,9255	nach *is*-Tafel
(24)	[bei $x = 1{,}0$] v_m''	m³/kg	2,875	5,875	13,95	nach Abb. 42 (Grenzkurve)
(25)	v_m'	,,	2,823	5,61	12,91	$=$ (23) $\cdot$ (24)
(26)	c_m'/v_m'	kg/s·m²	150,5	72,4	30,2	$=$ (22) : (55)
(27)	q'	—	~1,002	1,021	1,083	$=$ (26) : (17)
(28)	G	kg/s	12,725	=	=	Gegeben
(29)	$\Sigma(f_m)$	mm²	84500	175800	421000	$= 10^6 \cdot$ (28) : (26)
(30)	$d \cdot \pi$	mm	4712,4	4869,5	5026,5	$=$ (1) $\cdot \pi$
(31)	Düsenzahl Z_d	—	40	40	40	Gewählt
(32)	a_d	mm	117,81	121,73	125,66	$=$ (30) : (31)
(33)	tg α_2	—	0,26	0,26	0,31	Gewählt
(34)	sin α_2	—	0,2516	0,2516	0,2961	$=$ (33) : $\sqrt{1{,}0 + (33)^2}$
(35)	b_d'	mm	29,65	30,63	37,2	$=$ (32) $\cdot$ (34)
(36)	b_0	,,	4	4	5	Geschätzt
(37)	b_d	,,	25,65	26,63	32,2	$=$ (35) $-$ (36)
(38)	e_d	—	1,155	1,15	1,153	$=$ (35) : (37)
(39)	$Z_d \cdot b_d$	mm	1026	1065,2	1288	$=$ (31) $\cdot$ (37)
(40)	L_d'	,,	82,4	165	327	$=$ (29) : (39)
(41)	L_d	,,	83	165	327	Abgerundet
(42)	sin α_{e1}	—	0,2521	0,2569	0,3207	$=$ (27) $\cdot$ (34)
(43)	cos α_{e1}	—	0,9678	0,9665	0,9472	$= \sqrt{1{,}0 - (42)^2}$

Zahlentafel 21 (Fortsetzung).

	ND-Stufe	Nr.	1	2	3	
(44)	$\operatorname{tg} \alpha_{e1}$	—	0,2604	0,2658	0,3386	= (42):(43)
(45)	φ_1	—	0,95	0,95	0,95	Geschätzt
(46)	c_1	m/s	430,5	437,0	472,7	= (13)·(45)
(47)	c_{1u}	,,	416,5	422,35	447,7	= (43)·(46)
(48)	w_{1u}	,,	180,9	178,85	196,4	= (47) − (2)
(49)	$c_{1a} = w_{1a}$	,,	108,5	112,5	151,8	= (42)·(46)
(50)	w_{u1}^2	m²/s²	32725	31987	38573	= (48)²
(51)	w_{1a}^2	,,	11772	12656	23043	= (49)²
(52)	w_1^2	,,	44497	44643	61616	= (50) + (51)
(53)	w_1	m/s	210,9	211,3	248,2	$= \sqrt{(52)}$
(54)	$\operatorname{tg} \beta_{w1}$	—	0,600	0,629	0,772	= (49):(48)
(55)	ψ_1	—	0,85	0,85	0,85	Geschätzt
(56)	w_0	m/s	179,2	179,6	211,0	= (53)·(55)
(57)	h_{e1}	kC/kg	22,1	22,8	26,7	= (46)²:8380
(58)	$h_{e'} - h_{e1}$	,,	2,4	2,45	2,9	= (12) − (57)
(59)	h_{w1}	,,	5,31	5,33	7,4	= (52):8380
(60)	h_{w0}	,,	3,83	3,85	5,3	= (56)²:8380
(61)	$h_{w1} - h_{w0}$	,,	1,28	1,48	2,1	= (59) − (60)
(62)	i_{w0}	,,	624,1	598,6	567,8	= (9) + (58) + (61)
(63)	p_2	ata	0,45	0,177	0,055	nach Zahlentafel 16 bis 18
(64)	$i_{w'}$	kC/kg	617,8	589,6	558,1	nach *is*-Tafel
(65)	h_ε''	,,	6,3	9,0	9,7	= (62) − (64)
(66)	$h_{w'}$	,,	10,13	12,85	15,0	= (60) + (65)
(67)	w'	m/s	291,3	328,1	354,5	$= 91{,}53 \cdot \sqrt{(66)}$
(68)	$x_{w'}$	—	0,976	0,943	0,909	nach *is*-Tafel
(69)	[bei $x = 1{,}0$] v_2''	m³/kg	3,65	8,74	26,3	nach Abb. 42 (Grenzkurve)
(70)	$v_{w'}$	,,	3,56	8,25	23,9	= (68)·(69)
(71)	$w'/v_{w'}$	kg/s·m²	82,3	39,75	14,82	= (67):(70)
(72)	$\Sigma(F_2)$	mm²	154500	320000	858000	= 10⁶·(28):(71)
(73)	$\operatorname{tg} \beta_2$	—	0,40	0,45	0,60	Gewählt
(74)	$\sin \beta_2$	—	0,3714	0,4104	0,5145	$= (73):\sqrt{1{,}0 + (73)^2}$
(75)	$\cos \beta_2$	—	0,9285	0,9120	0,8573	= (74):(73)
(76)	e_s	—	1,125	1,113	1,07	Geschätzt
(77)	L_s'	mm	99,3	178	355	= (72)·(76):[(30)·(74)]
(78)	L_g	,,	3,3	4	5	Geschätzt
(79)	L_s	,,	96	174	350	= (77) − (78)
(80)	ψ_2	—	0,95	0,95	0,95	Geschätzt
(81)	w_2	m/s	276,7	311,7	336,8	= (67)·(80)
(82)	w_{2u}	,,	256,9	284,2	288,7	= (75)·(81)
(83)	c_{2u}	,,	21,3	40,7	37,4	= (82) − (2)
(84)	$w_{2a} = c_{2a}$	,,	102,8	128,1	173,5	= (74)·(81)
(85)	c_{2u}^2	m²/s²	454	1656	1399	= (83)²
(86)	c_{2a}^2	,,	10568	16410	30102	= (84)²
(87)	c_2^2	,,	11022	18066	31501	= (85) + (86)

Zahlentafel 21 (Fortsetzung).

	ND-Stufe	Nr.	1	2	3	
(88)	c_2	m/s	105,0	134,4	177,5	$=\sqrt{(87)}$
(89)	φ_2	—	0,85	0,85	0	Geschätzt
(90)	c_3	m/s	89,25	114,2	0	= (88) · (89)
(91)	h_{c3}	kC/kg	0,95	1,56	0	$= (90)^2 : 8380$
(92)	h_{m2}	,,	9,14	11,6	13,5	$= (81)^2 : 8380$
(93)	$h_{w'}-h_{w2}$	,,	0,99	1,25	1,5	= (66) — (92)
(94)	h_{c2}	,,	1,32	2,16	3,8	= (87) : 8380
(95)	$h_{c2}-h_{c3}$	,,	0,37	0,6	3,8	= (94) — (91)
(96)	i_{c3}	,,	619,16	591,45	563,4	= (64) + (93) + (95)
(97)	,,	,,	619	590,8	559	nach d. oberen Zustandslinie
(98)	i'_3	,,	(619,95)	(592,36)	559	= (91) + (97)
(99)	p'_3	ata	(0,464)	(0,185)	—	nach *is*-Tafel
(100)	h_ε	kC/kg	30,8	33,3	37,7	= (10) + (65)
(101)	r	—	0,2045	0,27	0,257	= (65) : (100)
(102)	c_ε	m/s	508	528,2	562	$= 91{,}53 \cdot \sqrt{(100)}$
(103)	ν_ε	—	0,463	0,461	0,447	= (2) : (102)

D. Axiale Druckstufen mit leichter Überdruckwirkung.

Überdruckstufen, bei denen der Reaktionsgrad r nur klein ist, werden als „Druckstufen mit leichter Überdruckwirkung" bezeichnet. Der Höchstwert von r, bei dem die Überdruckwirkung noch leicht zu nennen ist, kann nur willkürlich festgesetzt werden; wir wollen ihn $\simeq 0{,}15$ annehmen. Derartige Stufen sind stets zweiprofilig; sie werden häufig im *ND*-Teil als einkränzige Einzelstufen (*Ar*-Stufen), im *HD*-Teil als zweiprofilige Kammerstufengruppen ausgeführt. Der Geschwindigkeitsplan einer *Ar*-Stufe ist dem einer *R*-Stufe nach Abb. 38 ähnlich; nur ist β_2 wesentlich größer als α_2. Auch Curtis-Stufen werden manchmal mit leichter Überdruckwirkung ausgeführt (*Cr*-Stufen). Einzelstufen werden in derselben Weise berechnet wie die *ND*-Stufen der Überdruckturbine.

10a. Zweiprofilige *Ar*-Stufengruppe.

Die Düsen aller Stufen haben dieselbe Profilform, ebenso die Laufschaufeln aller Stufen. Wenn alle Stufen denselben Durchmesser d und denselben Geschwindigkeitsplan haben, ist auch die Axialkomponente c'_a in allen Stufen gleich, ebenso die Axialkomponente w'_a. Bei Vernachlässigung der Undichtheit gilt für alle Stufen

$$L'_d = \frac{G \cdot e_d}{d \cdot \pi \cdot c'_a} \cdot v_{c'} = m_d \cdot v_{c'}\,, \tag{80}$$

$$L'_s = \frac{G \cdot e_s}{d \cdot \pi \cdot w'_a} \cdot v_{w'} = m_s \cdot v_{w'}\,. \tag{81}$$

m_d ist in allen Stufen gleich, ebenso m_s. In der (unmaßstäblichen Abb. 49 ist (ähnlich wie in Abb. 47) p und v entsprechend der oberen Zustandslinie abhängig vom Expansionsgefälle aufgetragen. Außerdem sind die Kurven für L_d' und L_s' nach Gl. (80) und (81) eingetragen, wobei angenommen ist, daß $\frac{e_s}{w_a'} < \frac{e_d}{c_a'}$ ist. Aus dem Geschwindigkeitsplan findet man die Expansionsgefälle h_ε', h_ε'' und $h_\varepsilon \cong h_\varepsilon' + h_\varepsilon''$. Die sich hieraus ergebende Stufeneinteilung ist in Abb. 49 eingetragen. Die Düsenhöhen und Schaufellängen sind durch Punkte angedeutet. Man erkennt, daß in diesem Falle die Endschaufellänge irgend einer Stufe kleiner ist als die Endhöhe der vorhergehenden und darauffolgenden Düse. Wenn $\frac{e_s}{w_a'} > \frac{e_d}{c_a'}$ ist, ist es umgekehrt[1]. Wenn $\frac{e_s}{w_a'} = \frac{e_d}{c_a'}$ ist, decken sich die L_d'- und L_s'-Kurve. In diesem Falle liegt zwar die Düsenendhöhe zwischen den Längen der vorhergehenden und darauffolgenden Schaufeln, aber sie ist fast gleich der der folgenden Schaufel. Will man erreichen, daß die Düsenendhöhe etwa das Mittel aus den benachbarten Schaufellängen ist, so muß $\frac{e_s}{w_a'}$ etwas größer als $\frac{e_d}{c_a'}$ sein.

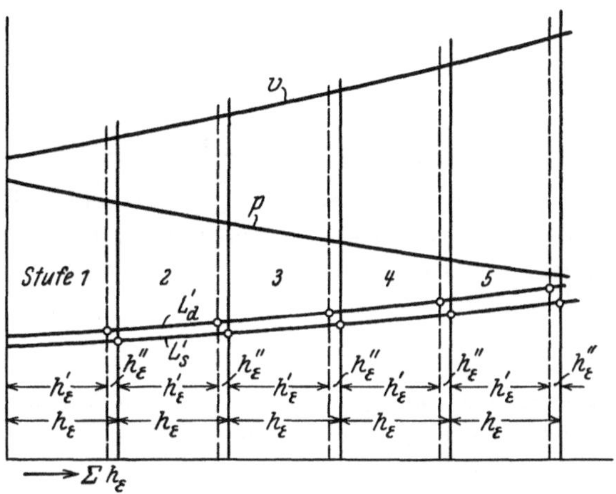

Abb. 49. Zweiprofilige *Ar*-Stufengruppe.

Wir wollen diesen Fall besonders behandeln. Zur Vereinfachung sei für die Überschlagsrechnung angenommen, daß $w_a' = c_a'$ ist und daß e_s etwas größer als e_d ist. Aus $h_\varepsilon' = h_\varepsilon \cdot (1 - r)$, $h_{c'} = h_\varepsilon' + h_{c0}$ und $h_{c0} = \lambda \cdot h_{c'}$ ergibt sich $h_{c'} = h_\varepsilon \cdot \frac{1 - r}{1 - \lambda}$ und

$$c' = c_\varepsilon \cdot \sqrt{\frac{1 - r}{1 - \lambda}}. \tag{82}$$

Gemäß der Annahme ist $w_a' = c_a' = c' \cdot \sin \alpha_2 = c_\varepsilon \cdot \sin \alpha_2 \cdot \sqrt{\frac{1 - r}{1 - \lambda}}$; damit wird

$$G \cdot v_{w'} = \frac{d \cdot \pi \cdot L_s' \cdot w_a'}{e_s} = \frac{d \cdot \pi \cdot L_s' \cdot \sin \alpha_2 \cdot c_\varepsilon \cdot \sqrt{1 - r}}{e_s \cdot \sqrt{1 - \lambda}}.$$

[1] L. 11, S. 33, Abb. 24.

Mit $c_\varepsilon = \frac{u}{\nu_\varepsilon} = \frac{d \cdot \pi \cdot n}{60 \cdot \nu_\varepsilon}$ und $L'_s = \frac{d}{\delta'_s}$ wird

$$G \cdot v_{w'} = \frac{d^3 \cdot \pi^2 \cdot \sin \alpha_2 \cdot \sqrt{1-r} \cdot n}{\delta'_s \cdot e_s \cdot \sqrt{1-\lambda} \cdot 60 \cdot \nu_\varepsilon}$$

und

$$d = \sqrt[3]{\frac{G \cdot e_s \cdot 60 \cdot \nu_\varepsilon \cdot \sqrt{1-\lambda} \cdot \delta'_s}{\pi^2 \cdot \sin \alpha_2 \cdot n \cdot \sqrt{1-r}} \cdot v_{w'}}. \qquad (83)$$

Setzen wir die gegebenen Größen $G = 12{,}725$, $\nu_\varepsilon = 0{,}46$, $n = 3000$ ein, schätzen wir $e_s = 1{,}1$, $\lambda = 0{,}05$ und wählen wir $r = 0{,}1$, $\operatorname{tg} \alpha_2 = 0{,}30$ entsprechend $\sin \alpha_2 = 0{,}2873$, so wird

$$d \cong 0{,}36 \cdot \sqrt[3]{\delta'_s \cdot v_{w'}}. \qquad (83\text{a})$$

Für die nullte Stufe ist $\delta'_s = \delta_{\max}$ einzusetzen. Dieser Wert muß zwischen den Werten von $\delta_{\max}$ liegen, die wir für die A- und R-Stufen angenommen hatten. Schätzen wir demgemäß $\delta_{\max} = 30$, so wird für die nullte Stufe

$$d \cong 1{,}118 \cdot \sqrt{v_{w'}}. \qquad (83\text{b})$$

Wir wollen die Stufengruppe für die Verhältnisse des HD-Teils (II), S. 74, einrichten, also für eine Expansion von 10 auf etwa 4,3 ata. Bei 10 ata ist $v = 0{,}2735$ nach Abb. 41; damit wird $d = 1{,}118 \cdot \sqrt[3]{0{,}2735}$ $= 0{,}725$, was wir auf 0,720 abrunden wollen. Bei der letzten Stufe ist $p = 4{,}3$ ata und $v = 0{,}547$. Nach Gl. (83a) wird $\delta'_s = 14{,}62$ und

$$L'_s = 0{,}049 \text{ m}.$$

Bei der genauen Berechnung ist zuerst der Geschwindigkeitsplan festzulegen. Wir hatten gefunden $d = 0{,}72$; $u = 113{,}1$; $\nu_\varepsilon = 0{,}46$; damit wird $c_\varepsilon = 245{,}9$; $h_\varepsilon = 7{,}2$. Wir wählen $r = 0{,}1$; dann ist $h''_\varepsilon = 0{,}7$ und $h'_\varepsilon = 6{,}5$. Für den Geschwindigkeitsplan wählen wir $\varphi_1 = \psi_2 = 0{,}95$, $\varphi_2 = \psi_1 = 0{,}85$, $\operatorname{tg} \alpha_2 = 0{,}30$, $\sin \alpha_2 = 0{,}2873$, $\cos \alpha_2 = 0{,}96578$. Da gemäß der Annahme $w'_a = c'_a$ sein soll, ließe sich der Zusammenhang zwischen $h_{c'}$ und h_ε durch eine Gleichung ausdrücken, die jedoch sehr unhandlich wäre. Deshalb wollen wir lieber den Zusammenhang durch eine Variationsrechnung suchen. Hierbei müssen wir von c' ausgehen. Wir schätzen vorläufig $h_{c0} \cong 0{,}05 \cdot h_\varepsilon \cong 0{,}36$; damit wird $h_{c'} = h_{c0} + h'_\varepsilon$ $\cong 6{,}86$ und $c' \cong 240$. Um den genauen Wert von c' zu bestimmen, führen wir die Rechnung für mehrere unter und über 240 liegende Werte von c' durch. Für jeden Wert von c' ergibt sich ein andrer Wert von h'_ε. Derjenige Wert von c', bei dem h'_ε gleich dem der Berechnung zugrunde gelegten Wert 6,5 ist, ist der gesuchte. Die Berechnung ist in Zahlentafel 22 durchgeführt.

Zahlentafel 22.

(1)	u	m/s	113,1						Gegeben
(2)	c'	„	235	237	239	241	243	245	Angenommen
(3)	φ_1	—	0,95	=	=	=	=	=	Geschätzt
(4)	c_1	m/s	223,25	225,15	227,05	228,95	230,85	232,75	= (2)·(3)
(5)	$\mathrm{tg}\,\alpha_2$	—	0,30	=	=	=	=	=	Gewählt
(6)	$\sin\alpha_2$	—	0,2873	=	=	=	=	=	$= (5):\sqrt{1{,}0+(5)^2}$
(7)	$\cos\alpha_2$	—	0,9578	=	=	=	=	=	= (6):(5)
(8)	c_{1u}	m/s	213,83	215,65	217,46	219,28	221,10	222,93	= (4)·(7)
(9)	w_{1u}	„	100,73	102,55	104,36	106,18	108,00	109,83	= (8) − (1)
(10)	$w_{2a}=c_{1a}=w_{1a}$	„	64,14	64,69	65,23	65,78	66,32	66,87	= (4)·(6)
(11)	w_{1u}^2	m²/s²	10147	10516	10891	11274	11664	12063	$= (9)^2$
(12)	w_{1a}^2	„	4114	4185	4255	4327	4398	4472	$= (10)^2$
(13)	w_1^2	„	14261	14701	15146	15601	16062	16535	= (11) + (12)
(14)	w_1	m/s	119,4	121,2	123,1	124,9	126,7	128,6	$= \sqrt{(13)}$
(15)	ψ_1	—	0,85	=	=	=	=	=	Geschätzt
(16)	w_0	m/s	101,5	103,0	104,6	106,2	107,7	109,3	= (14)·(15)
(17)	h_{w0}	kC/kg	1,23	1,27	1,31	1,35	1,39	1,43	$= (16)^2:8380$
(18)	h_ε''	„	0,72	=	=	=	=	=	Gegeben
(19)	$h_{w'}$	„	1,95	1,99	2,03	2,07	2,11	2,15	= (17) + (18)
(20)	w'	m/s	127,8	129,1	130,4	131,7	133,0	134,2	$= 91{,}53\cdot\sqrt{(19)}$
(21)	ψ_2	—	0,95	=	=	=	=	=	Geschätzt
(22)	w_2	m/s	121,4	122,6	123,9	125,1	126,3	127,5	= (20)·(21)
(23)	w_2^2	m²/s²	14738	15031	15350	15650	15952	16256	$= (22)^2$
(24)	w_{2u}^2	„	10624	10846	11095	11323	11554	11784	= (23) − (12)
(25)	w_{2u}	m/s	103,1	104,2	105,3	106,4	107,5	108,6	$= \sqrt{(24)}$
(26)	$\mathrm{tg}\,\beta_{w2}$	—	0,622	0,621	0,619	0,618	0,617	0,616	= (10):(25)
(27)	c_{2u}	m/s	—10,0	—8,9	—7,8	—6,7	—5,6	—4,5	= (25) − (1)
(28)	c_{2u}^2	m²/s²	100	79	61	45	31	20	$= (27)^2$
(29)	c_2^2	„	4214	4264	4316	4372	4429	4492	= (12) + (28)
(30)	c_2	m/s	64,9	65,3	65,7	66,1	66,5	67,0	$= \sqrt{(29)}$
(31)	φ_2	—	0,85	=	=	=	=	=	Geschätzt
(32)	$c_0 = c_3$	m/s	55,2	55,5	55,8	56,2	56,6	57,0	= (30)·(31)
(33)	$h_{c'}$	kC/kg	6,59	6,70	6,81	6,93	7,04	7,16	$= (2)^2:8380$
(34)	$h_{c0} = h_{c3}$	„	0,36	0,37	0,37	0,38	0,38	0,39	$= (32)^2:8380$
(35)	h_ε'	„	6,23	6,33	6,44	6,55	6,66	6,77	= (33) − (34)
(36)	$\mathrm{tg}\,\beta_{w1}$	—	0,636	0,630	0,624	0,619	0,614	0,609	= (10):(9)

Aus der Zahlentafel entnehmen wir, daß bei $h_\varepsilon' = 6{,}5$ unter den gemachten Annahmen $c' \cong 240$ m/s sein muß. Damit wird $w_a' = c_a' = c' \cdot \sin\alpha_2 = 68{,}95$. Schätzen wir $e_d = 1{,}05$ und $e_s = 1{,}1$, so erhalten wir nach Gl. (80) und (81)

$$L_d' = 0{,}0856 \cdot v_{c'}\,, \tag{80a}$$

$$L_s' = 0{,}0896 \cdot v_{w'}\,. \tag{81a}$$

Schätzen wir ferner den Betrag, um den wir mit Rücksicht auf die Undichtheit die Längen verkürzen müssen, bei den Düsen auf 0,1 und bei den Schaufeln auf 0,5 mm so erhalten wir

$$L_d = L'_d - 0{,}1 = 85{,}6 \cdot v_{c'} - 0{,}1 \text{ mm}, \tag{80b}$$

$$L_s = L'_s - 0{,}5 = 89{,}6 \cdot v_{w'} - 0{,}5 \text{ mm}. \tag{81b}$$

In Zahlentafel 23 sind die Schaufellängen und die Druckverteilung der Gruppe berechnet.

Zahlentafel 23.

	Stufe	Nr.	1	2	3	4	5	6	7	
①	p_1	ata	10,0	8,96	7,96	7,05	6,24	5,51	4,85	= ⑪ } der vorigen Stufe
②	$\Sigma(h_\varepsilon)$	kC/kg	0	7,2	14,4	21,6	28,8	36,0	43,2	= ⑩ } der vorigen Stufe
③	h'_ε	,,	6,5	=	=	=	=	=	=	Gegeben
④	$\Sigma(h_\varepsilon)$	,,	6,5	13,7	20,9	28,1	35,3	42,5	49,7	= ② + ③
⑤	p_z	ata	9,06	8,05	7,15	6,30	5,59	4,92	4,33	} nach Abb. 45
⑥	$v_{c'}$	m³/kg	0,295	0,325	0,359	0,399	0,441	0,484	0,541	} nach Abb. 45
⑦	L'_d	mm	25,3	28,0	30,9	34,1	37,7	41,8	46,5	= 85,6 · ⑥ nach Gl. (80a)
⑧	L_d	,,	25,2	27,9	30,8	34,0	37,6	41,7	46,4	= ⑦ − 0,1
⑨	h''_ε	kC/kg	0,7	=	=	=	=	=	=	Gegeben
⑩	$\Sigma(h)_\varepsilon$	,,	7,2	14,4	21,6	28,8	36,0	43,2	50,4	= ④ + ⑨
⑪	p_2	ata	8,96	7,96	7,05	6,24	5,51	4,85	4,27	} nach Abb. 45
⑫	$v_{w'}$	m³/kg	0,298	0,328	0,363	0,403	0,445	0,493	0,548	} nach Abb. 45
⑬	L'_s	mm	26,7	29,6	32,7	36,1	39,9	44,2	49,1	= 89,6 · ⑫ nach Gl. (81a)
⑭	L_s	,,	26,2	29,1	32,2	35,6	39,4	43,7	48,6	= ⑬ − 0,5

In Abb. 50 ist der Geschwindigkeitsplan für diese Stufen aufgezeichnet.

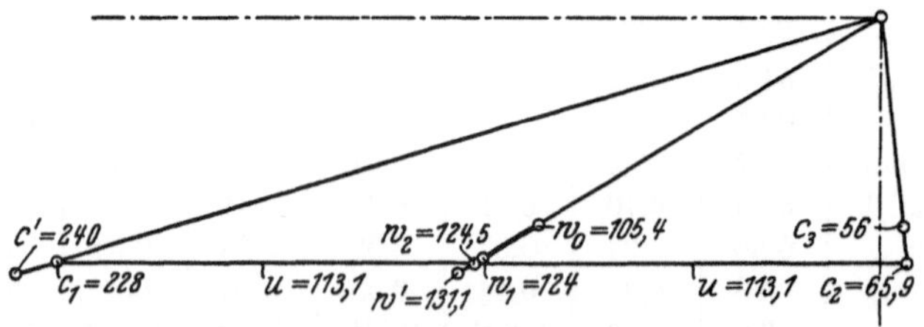

Abb. 50. Geschwindigkeitsplan einer *Ar*-Stufe.

10b. *C*-Stufen mit leichter Überdruckwirkung (*Cr*-Stufen).

Bei zweikränzigen *C*-Stufen mit reiner Gleichdruckwirkung ist das Verhältnis des Kanalquerschnittes F_s von Kranz (*C*) zum Kanalquerschnitt F_s von Kranz (*A*) um so größer, je größer die Stufenkennzahl ν' ist. Dadurch ergeben sich, wenn ν' einen bestimmten Wert überschreitet, Schwierigkeiten bei der Bemessung des Kranzes (*C*). Dies soll an einem

Rechnungsbeispiel erläutert werden. Wir wollen annehmen, daß für die Verhältnisse der Zahlentafel 14 eine C-Stufe mit einem Durchmesser von 1,2 (anstatt von 1,0) m und einer Umfangsgeschwindigkeit $u = 188{,}5$ m/s berechnet werden soll. Die Düsen sollen ungeändert

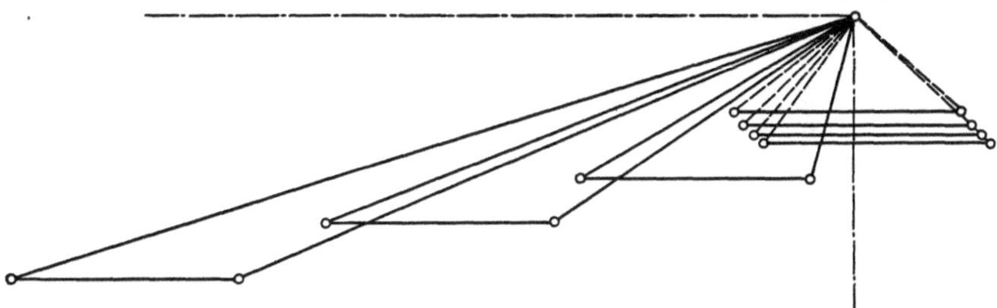

Abb. 51a. Geschwindigkeitsplan einer zweikränzigen C-Stufe bei verschiedenem Austrittswinkel des letzten Kranzes.

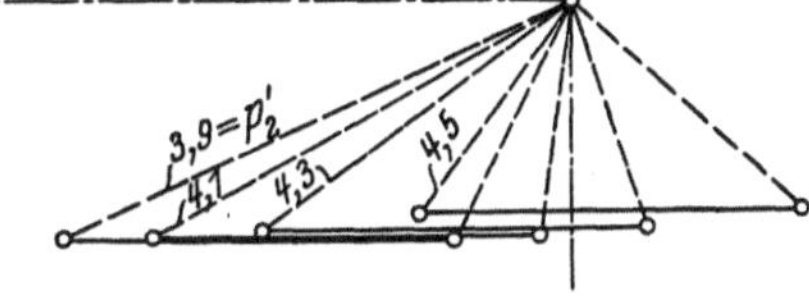

Abb. 51b. Auslaßdreieck von Kranz (C) einer zweikränzigen Cr-Stufe bei verschiedenen Gegendrücken.

bleiben, während die Beschaufelung der veränderten Umfangsgeschwindigkeit angepaßt werden soll. Wir hatten (nach S. 63) gefunden $\operatorname{tg}\alpha_{c1} = 0{,}3165$, $c_1 = 727{,}7$, $c_{1a} = w_{1a} = 220$, $c_{1u} = 693{,}9$ m/s und nach Zahlentafel 14 $i_{w1} = 689{,}8$ kC/kg. Hiermit ergibt sich $w_{1u} = c_{1u} - u = 505{,}4$, $w_1 = \sqrt{w_{1a}^2 + w_{1u}^2} = 550{,}6$ m/s, $\operatorname{tg}\beta_{w1} = \frac{w_{1a}}{w_{1u}} = 0{,}435$, $w' = \psi_1 \cdot w_1 = 508{,}2$ m/s, $h_{w1} = \frac{w_1^2}{8380} = 36{,}2$, $h_{w'} = 30{,}8$ und $i_{w'} = i_{w1} + (h_{w1} - h_{w'}) = 695{,}2$ kC/kg. Die weitere Berechnung ist in Zahlentafel 24 durchgeführt.

Der Geschwindigkeitsplan ist in Abb. 51a und der Schaufelplan in Abb. 52 wiedergegeben. Beim Umkehrkranz (B) ist die Schaufellänge für $\operatorname{tg}\alpha_2 = 0{,}5$ und $0{,}6$ berechnet. Bei $\operatorname{tg}\alpha_2 = 0{,}5$ würde die Schaufel von Kranz (B) zu lang werden, während ihre Länge bei $\operatorname{tg}\alpha_2 = 0{,}6$ angemessen ist (Abb. 52). Auch bei Kranz (C) ist die Schaufellänge für verschiedene Austrittswinkel β_2 berechnet. Man sieht aus Abb. 52, daß bei

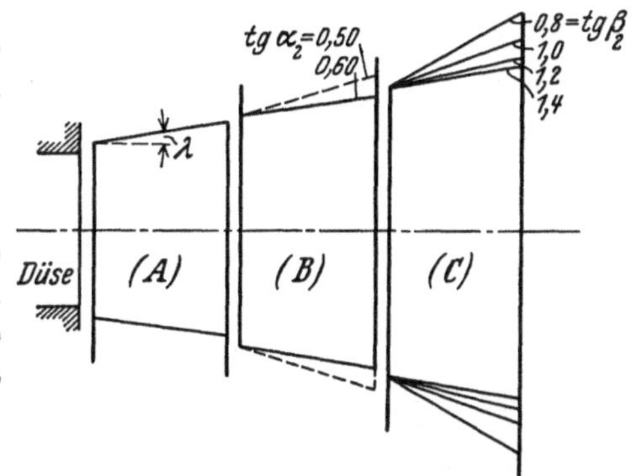

Abb. 52. Schaufelplan einer zweikränzigen C-Stufe bei verschiedenen Austrittswinkeln.

$\operatorname{tg}\beta_2 = 0{,}8$ die Schaufellänge so groß wird, daß die Begrenzungslinie der Schaufelenden sehr stark divergiert. Durch diese Divergenz

Zahlentafel 24.

Nr.	Bezeichnung für Kranz (A) und (C)	Bezeichnung für Kranz (B)		1. Laufkranz (A)	Umkehrkranz (B)		2. Laufkkranz (C)				
(1)	G_s	G_s	kg/s	0,119	=		=				s. S. 63
(2)	a_s	a_s	mm	12	=		=				Gewählt
(3)	b_0	b_0	,,	0,5	=		=				,,
(4)	u	u	m/s	188,5	=		=				Gegeben
(5)	w'	c'	,,	508,2[1]	272,4		135,5				= (30) des vorhergehenden Kranzes
(6)	$i_{w'}$	$i_{c'}$	kC/kg	695,2[1]	701,9		702,7				= (37) des vorhergehenden Kranzes
(7)	$\operatorname{tg}\beta_{w1}$	$\operatorname{tg}\alpha_{c0}$	—	0,435[1]	0,704		3,61				= (28) des vorhergehenden Kranzes
(8)	$\operatorname{tg}\beta_1$	$\operatorname{tg}\alpha_1$	—	0,44	0,71		3,60				Gewählt
(9)	$\operatorname{tg}\beta_2$	$\operatorname{tg}\alpha_2$	—	0,40	0,50	0,60	0,8	1,0	1,2	1,4	,,
(10)	$\sin\beta_2$	$\sin\alpha_2$	—	0,3714	0,447	0,515	0,624	0,707	0,768	0,814	= (9) : $\sqrt{1,0 + (9)^2}$
(11)	$\cos\beta_2$	$\cos\alpha_2$	—	0,928	0,894	0,857	0,780	0,707	0,640	0,581	= (10) : (9)
(12)	$v_{w'}$	$v_{c'}$	m^3/kg	0,51	0,525		0,527				nach Abb. 35
(13)	$w'/v_{w'}$	$c'/v_{c'}$	kg/s·m^2	996	519		257				= (5) : (12)
(14)	F_s	F_s	mm^2	119,4	229,5		463				= 10^6 · (1) : (13)
(15)	$a_s \cdot \sin\beta_2$	$a_s \cdot \sin\alpha_2$	mm	4,46	5,36	6,17	7,49	8,49	9,22	9,76	= (2) · (10)
(16)	b_s	b_s	,,	3,96	4,86	5,67	6,99	7,99	8,72	9,26	= (15) — (3)
(17)	L_s'	L_s'	,,	30,2	47,2	40,5	66,2	57,9	53,1	50,0	= (14) : (16)
(18)	L_s	L_s	,,	32		41					Gewählt
(19)	φ_2	φ_1	—	0,923	0,935		0,96				Geschätzt
(20)	w_2	c_1	m/s	469,1	264,0		130,1				= (5) · (19)

(21)	w_{2u}	c_{1u}	,,	435,8		226,2	101,5	92,0	83,3	75,6	= (11)·(20)
(22)	c_{2u}	w_{1u}	,,	246,9		37,7	—87,0	—96,5	—105,2	—112,9	= (21)—(4)
(23)	$w_{2a} = c_{2a}$	$c_{1a} = w_{1a}$	,,	174		136	81,1	92,0	99,9	105,6	= (10)·(20)
(24)	c_{2u}^2	w_{1u}^2	m^2/s^2	60959		1426	7569	9312	11067	12746	= (22)²
(25)	c_{2a}^2	w_{1a}^2	,,	30276		18496	6577	8464	9980	11151	= (23)²
(26)	c_2^2	w_1^2	,,	91235		19922	14146	17776	21047	23897	= (24) + (25)
(27)	c_2	w_1	m/s	302,0		141,1	118,9	133,3	145,1	154,6	= √(26)
(28)	$\operatorname{tg} \alpha_{c2}$	$\operatorname{tg} \beta_{w1}$	—	0,704		3,61	—0,93	—0,954	0,949	0,935	= (23):(22)
(29)	φ_2	ψ_1	—	0,935		0,96	0				Geschätzt
(30)	c_3	w'	m/s	272,4		135,5	0				= (20)·(29)
(31)	$h_{w'}$	$h_{c'}$	kC/kg	30,9	8,9						= (5)²:8380
(32)	h_{w2}	h_{c1}	,,	26,2	8,3						= (20)²:8380
(33)	$h_{w'} — h_{w2}$	$h_{c'} — h_{c1}$	,,	4,7	0,6						= (31)—(32)
(34)	h_{c2}	h_{w1}	,,	10,85		2,37					= (26):8380
(35)	h_{c3}	$h_{w'}$	,,	8,85		2,17					= (30)²:8380
(36)	$h_{c2} — h_{c3}$	$h_{w1} — h_{w'}$	,,	2,0		0,20					= (34)—(35)
(37)	i_{c3}	$i_{w'}$	,,	701,9		702,7					= (6) + (33) + (36)
(38)	w_{1u}		m/s	505,4[1]			37,7				= (22) des vorigen Kranzes
(39)	$\Sigma(w_u)$		,,	940,8			139,2	129,7	121,0	113,3	= (21) + (38)
(40)	$h_{c'}$		kC/kg	69,3			=				= (13) von Zahlentafel 14
(41)	c'^2		m^2/s^2	581000			581000				= (40)·8380
(42)	Kranz η_u		—	0,611			0,090	0,084	0,078	0,073	= 2,0·(4)·(39):(41)
(43)	Gesamt η_u		—				0,701	0,695	0,689	0,684	= (42) A + (42) C
(44)	v'		—		0,2475						= (4):√(41)

[1] Siehe Seite 105.

wird die Strömung in den Schaufelkanälen ungünstig beeinflußt, so daß ein ungünstiger Wirkungsgrad zu erwarten ist. Um eine angemessene Schaufellänge, beispielsweise 50 mm (Abb. 52) zu erhalten, müßte man den Austrittswinkel sehr groß machen, im vorliegenden Beispiel tg $\beta_2 = 1{,}4$. Wie man aus Abb. 51a erkennt, ist dann die Umfangskomponente c_{2u} von c_2 des letzten Kranzes größer als $u/2$ und mit u gleichgerichtet, was den Wirkungsgrad ebenfalls ungünstig beeinflußt.

Man hat versucht, diese Schwierigkeiten dadurch zu umgehen, daß man durch entsprechende Bemessung der Kanalquerschnitte den Dampf zwingt, im letzten Schaufelkranz oder in den letzten Schaufelkränzen zu expandieren. Dies hat zur Folge, daß der Druck im Spalt zwischen Düsen und Schaufeln und zwischen den einzelnen Schaufelkränzen höher ist als der in der Umgebung des Rades herrschende Druck. Da aber infolge dieses Überdruckes ein Undichtheitsverlust auftritt, ist diese Maßnahme, wie Stodola[1] bemerkt, ein zweischneidiges Schwert. Deshalb muß man danach trachten, den Überdruck so klein wie möglich zu halten.

Wir wollen annehmen, daß die Strömung bis vor den zweiten Laufkranz (C) in derselben Weise wie nach Zahlentafel 24 und Abb. 51a verläuft und daß der Dampf im Kranz (C) von $p_2 = 4{,}5$ ata auf einem Druck $p_2' < p_2$ expandiert. In Zahlentafel 25 ist die Berechnung des Kranzes (C) bei verschiedenen Gegendrücken p_2' durchgeführt.

Der Berechnung ist von vornherein eine angemessene Schaufellänge (Reihe ⑲) zugrunde gelegt. Dabei ergibt sich für jeden Wert von p_2' ein anderer Austrittswinkel β_2. Für die Kränze (A) und (B) und das Einlaßdreieck von Kranz (C) gilt Abb. 51a; das Auslaßdreieck von (C) nach Zahlentafel 25 ist in Abb. 51b wiedergegeben. Nach der Zahlentafel steigt der Wirkungsgrad (Reihe ㊷) mit sinkendem Gegendruck p_2'. Hierbei ist aber zu beachten, daß die Undichtheit immer größer wird, je größer der Überdruck $(p_2 - p_2')$ ist. Ferner wird bei sinkendem Gegendruck p_2' der Umlenkungswinkel $(\beta_1 + \beta_2)$ und der Austrittswinkel β_2 immer kleiner, was den Wert ψ verschlechtert. Es gibt also in jedem Falle einen bestimmten günstigsten Wert von p_2', der sich freilich nicht berechnen läßt. Im vorliegenden Rechnungsbeispiel ist es voraussichtlich am günstigsten, den Druck p_2' zwischen 4,1 und 4,3 ata zu wählen. Der Reaktionsgrad r (Reihe ㊹) liegt dann zwischen 0,035 und 0,068, also etwa in der Gegend von 0,05.

Bei dieser Berechnungsart ist der Druck p_2' hinter der Cr-Stufe kleiner als der ursprünglich in Aussicht genommene Gegendruck p_2. Ist die Cr-Stufe die erste Stufe einer Turbine mit Düsenregelung, so spielt dies meist keine Rolle, da der Unterschied der Drücke in der Regel nur klein ist und die Stufe sowieso mit veränderlichem Gegen-

[1] L. 13, S. 197.

Zahlentafel 25.

(1)	G_s	kg/s	0,119				= (1) von Zahlentafel 24
(2)	a_s	mm	12				= (2) von Zahlentafel 24
(3)	b_a	,,	0,5				= (3) von Zahlentafel 24
(4)	u	m/s	188,5				= (4) von Zahlentafel 24
(5)	w_0	,,	135,5				= (30) B von Zahlentafel 24
(6)	i_{w0}	kC/kg	702,7				= (37) B von Zahlentafel 24
(7)	tg β_{w1}	—	3,61				= (38) B von Zahlentafel 24
(8)	tg β_1	—	3,60				Gewählt
(9)	h_{w0}	kC/kg	2,19				= (5)^2:8380
(10)	p_2'	ata	4,5	4,3	4,1	3,9	Angenommen
(11)	$i_{w'}$	kC/kg	702,7	700,19	697,64	695,09	nach *is*-Tafel
(12)	h_ε	,,	0	2,51	5,06	7,61	= (6)—(11)
(13)	$h_{w'}$	,,	2,19	4,70	7,25	9,80	= (9) + (12)
(14)	w'	m/s	135,5	198,7	246,5	286,5	= 91,53 · $\sqrt{(13)}$
(15)	$t_{w'}$	°C		233	228	221	nach *is*-Tafel
(16)	$v_{w'}$	m³/kg	0,527	0,547	0,567	0,587	nach Zustandsgl. b. (10) u. (15)
(17)	$w'/v_{w'}$	kg/s · m²	257	364	435	488	= (14):(16)
(18)	F_s	mm²	463	327	273,5	244	= 10^6 · (1):(17)
(19)	L_s	mm	50	=	=	=	Gewählt
(20)	b_s	,,	9,26	6,54	5,47	4,88	= (18):(19)
(21)	$a_s \cdot \sin\beta_2$	,,	9,76	7,04	5,97	5,38	= (3) + (20)
(22)	$\sin\beta_2$	—	0,813	0,587	0,498	0,448	= (21):(2)
(23)	$\cos\beta_2$	—	0,582	0,810	0,867	0,894	
(24)	tg β_2	—	1,398	0,724	0,573	0,480	
(25)	ψ_2	—	0,96	=	=	=	Geschätzt
(26)	w_2	m/s	130,1	190,8	236,6	276,0	= (14) · (25)
(27)	w_{2u}	,,	75,7	154,6	205,1	246,7	= (23) · (26)
(28)	c_{2u}	,,	—112,8	—33,9	+ 16,6	+ 58,2	= (27)—(4)
(29)	$w_{2a} = c_{2a}$	,,	105,8	112	117,7	123,7	= (22) · (26)
(30)	${c_{2u}}^2$	m²/s²	12723	1149	276	3387	= (28)^2
(31)	${c_{2a}}^2$	,,	11194	12544	13853	15301	= (29)^2
(32)	c_2^2	,,	23917	13693	14129	18688	= (30) + (31)
(33)	c_2	m/s	154,6	117,0	118,5	136,7	= $\sqrt{(32)}$
(34)	w_{1u}	,,	37,7	=	=	=	= (22) B von Zahlentafel 24
(35)	Kranz (C) Σw_u	,,	113,4	192,3	242,8	284,4	= (27) + (34)
(36)	,, (A) ,,	,,	940,8	=	=	=	= (39) A von Zahlentafel 24
(37)	Σw_u	,,	1054,2	1133,1	1183,6	1225,2	= (35) + (36)
(38)	J_1	kC/kg	753,0	=	=	=	Gegeben
(39)	J_2'	,,	683,7	681,6	679,3	676,8	nach *is*-Tafel bei (10)
(40)	H_ε	,,	69,3	71,4	73,7	76,2	= (38)—(39)
(41)	C_ε^2	m²/s²	581000	599000	618500	639000	= 8380 · (40)
(42)	η_u	—	0,684	0,713	0,721	0,723	= 2,0 · (4) · (37):(41)
(43)	ν_ε	—	0,2475	0,243	0,2395	0,2355	= (4): $\sqrt{(41)}$
(44)	r	—	0	0,035	0,068	0,099	= (12):(40)

druck arbeitet. Ist dagegen für den Gegendruck p_2' ein Wert festgelegt, der nicht unterschritten werden darf, beispielsweise wenn es sich um eine einstufige Gegendruckturbine mit Düsenregelung handelt, so muß bei der Berechnung der *Cr*-Stufe der Düsengegendruck p_2 von vornherein etwas größer gewählt werden als der Stufengegendruck p_2'. Da wir nicht ohne weiteres wissen, welches der geeignetste Zwischendruck p_2 ist, empfiehlt es sich, die Stufe zuerst wie in Zahlentafel 24 für reinen Gleichdruck zu berechnen und dann wie in Zahlentafel 25 den zweckmäßigsten Reaktionsgrad r zu bestimmen. Im Rechnungsbeispiel beträgt das Gefälle $\sim$ 69,3 kC/kg bei der Expansion von 14,8 auf 4,5 ata. Es werde angenommen, daß wir als günstigsten Reaktionsgrad $r \cong 0{,}05$ gefunden haben. Dann rechnen wir die Stufe noch einmal durch, indem wir von vornherein den Gegendruck der Düse p_2 so wählen, daß in ihr nur $(1 - r) \cong 0{,}95$ des Stufengefälles, also $\sim$ 65,8 kC/kg, durch die Expansion entwickelt werden. Wir finden dann $i_{c'} \cong 753 - 65{,}8 \cong 687{,}2$ kC/kg; hierzu gehört ein Druck $p_2 \cong 4{,}8$ ata. Den Rest der Expansion von 4,8 auf 4,5 ata lassen wir dann in Kranz (C) vor sich gehen.

Ähnlich ist die Berechnung mehrkränziger *Cr*-Stufen. Während aber bei einer zweikränzigen *Cr*-Stufe eine Expansion nur im letzten Kranz (C) und vielleicht noch im vorletzten Kranz (B) in Frage kommt, kann sich bei mehrkränzigen *Cr*-Stufen die Expansion auf mehrere Kränze erstrecken.

Die Gesichtspunkte für die Bemessung von *Cr*-Stufen sind im nachstehenden kurz zusammengefaßt:

1. Wenn der Dampf in einem Schaufelkranz expandiert, muß er es auch in allen folgenden tun.

2. Eine Expansion darf nur in solchen Schaufelkränzen vor sich gehen, in denen die relative Eintrittsgeschwindigkeit kleiner als die Schallgeschwindigkeit ist.

3. Die Expansion soll möglichst klein sein und nur so weit getrieben werden, daß die Relativgeschwindigkeit kleiner als die Schallgeschwindigkeit bleibt.

4. Die Zunahme der kinetischen Energie in den einzelnen Schaufelkränzen muß um so größer sein, je kleiner die relative Eintrittsgeschwindigkeit ist, oder mit anderen Worten, muß von Kranz zu Kranz größer werden.

5. Der Steigungswinkel λ (Abb. 52) darf einen bestimmten Wert nicht überschreiten; er muß in Kranz (C) gleich oder kleiner als in Kranz (B) und in diesem gleich oder kleiner als in Kranz (A) sein.

Hierbei ist unter „Relativgeschwindigkeit" die Geschwindigkeit relativ zu den Schaufelkanälen zu verstehen, die man bei den feststehenden Schaufelkränzen als „absolute Geschwindigkeit" zu bezeichnen pflegt.

E 11. Radialstufen.

Bei Radialstufen liegt die mittlere Strömungsrichtung des Dampfes in einer zur Achse senkrechten Ebene. Die Laufschaufeln sind auf einer umlaufenden Scheibe derart befestigt, daß ihre Mittellinien der Achse parallel sind. Der Dampf strömt von der Achse zum Umfang oder umgekehrt; seine Hauptströmungsrichtung ist also radial. Radialstufen können als Gleichdruck- oder Überdruckstufen ausgebildet werden. Zu den Radialturbinen gehören die Elektra-Turbine, die Turbinen von Eyermann, von Zvoniček und von Ljungström.

Die Elektra-Turbine[1], die mit Gleichdruck arbeitet, ist ein- oder mehrstufig; jede Stufe besteht aus einer Radscheibe, die nur einen einzigen von außen beaufschlagten Radkranz mit mehrfacher Geschwindigkeitsabstufung besitzt.

Die Turbine von Eyermann[2] ist eine mehrstufige Überdruckturbine mit innerer Beaufschlagung.

Die Turbine von Zvoniček[3] besteht aus einer zweikränzigen Gleichdruckstufe und einem mehrstufigen Überdruckteil; die Gleichdruckstufe wird von außen nach innen, der Überdruckteil von innen nach außen vom Dampf durchströmt.

Größere Bedeutung als diese Turbinen hat die gegenläufige Radialturbine von Ljungström[4] gewonnen, die aus zwei sich in entgegengesetzter Richtung drehenden Schaufelrädern besteht. Sie hat das besondere Merkmal, daß feststehende Düsen (Leitvorrichtungen) fehlen und der Dampf nur in den Laufschaufeln expandiert. Jeder Laufkranz ist also eine Überdruckstufe mit dem Reaktionsgrad $r = 1{,}0$.

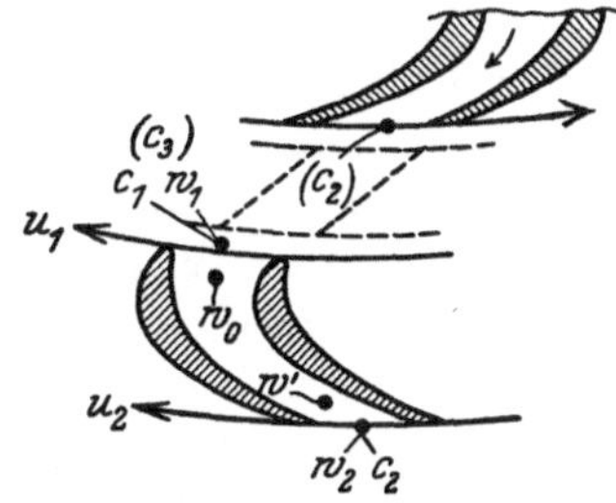

Abb. 53. Schnitt durch eine L-Stufe.

In Abb. 53 ist ein Schnitt durch die Beschaufelung einer Ljungström-Stufe (L-Stufe) schematisch dargestellt. Zur Erleichterung des Verständnisses sind zwischen den Laufschaufelkränzen feststehend gedachte, in Wirklichkeit nicht vorhandene, Leitvorrichtungen gestrichelt gezeichnet, in denen der Strahl nicht umgelenkt wird. Der Strömungsvorgang soll ähnlich wie bei der axialen R-Stufe (S. 67) angenommen werden. Demgemäß verläßt der Dampf einen Laufkranz mit dem Druck p_1, der absoluten Geschwindigkeit (c_2) und der Richtung (α_{c2}), die auch die Richtung der gedachten Leitvorrichtung ist. Beim Strömen durch den Spalt sinkt die Geschwindigkeit von (c_2) auf $(c_3) = (\varphi_2 \cdot c_2)$. An Stelle

[1] L. 13, S. 487. [2] L. 13, S. 610. [3] L. 13, S. 622.

[4] L. 11, Abb. 190 und L. 13, Abb. 743.

von (α_{c2}) und (c_3) sollen für die zu untersuchende Stufe die Bezeichnungen α_{c1} und c_1 eingeführt werden. Die Umfangsgeschwindigkeit am Schaufeleintritt sei u_1. Aus u_1, c_1 und α_{c1} ergibt sich die relative Eintrittsgeschwindigkeit w_1, die sich infolge der Eintrittsverluste auf $w_0 = \psi_1 \cdot w_1$ verringert. In den Laufschaufelkanälen expandiert der Dampf von p_1, i_{w0} auf den Stufengegendruck p_2, wodurch das Expansionsgefälle h_ε frei wird und die Relativgeschwindigkeit von w_0 auf $w' = \sqrt{w_0^2 + c_\varepsilon^2}$ steigt. Infolge der Strömungsverluste im Schrägabschnitt sinkt w' auf $w_2 = \psi_2 \cdot w'$. Die Umfangsgeschwindigkeit am Schaufelaustritt sei $u_2 > u_1$. Aus w_2, u_2 und β_{w2} ergibt sich die absolute Austrittsgeschwindigkeit c_2, mit der der Dampf dem Laufschaufelkranz der folgenden Stufe zuströmt. In diesem spielt sich dann derselbe Vorgang ab.

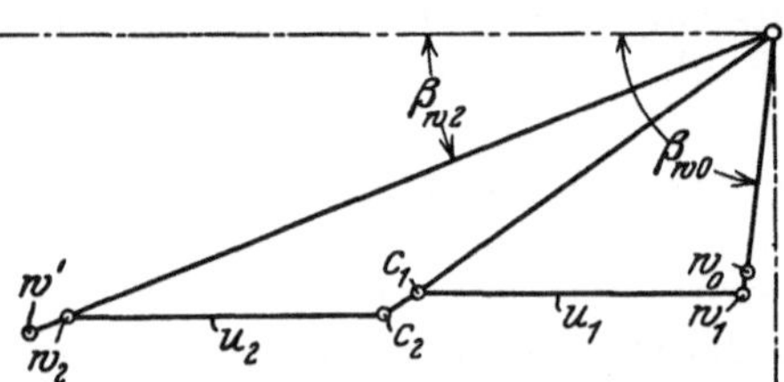

Abb. 54. Geschwindigkeitsplan einer L-Stufe.

Der Geschwindigkeitsplan, bei dem das Auslaßdreieck auf die Seite des Einlaßdreieckes geklappt und $\alpha_{c2} = \alpha_{c1}$ gewählt ist, ist in Abb. 54 wiedergegeben. Das Expansionsgefälle einer Stufe ist $h_\varepsilon = h_{w'} - h_{w0}$; setzt man die Absolutwerte der Geschwindigkeiten ein, so ist der Wirkungsgrad bezogen auf h_ε

$$\eta_\varepsilon = \frac{2 \cdot (u_1 \cdot c_{1u} + u_2 \cdot c_{2u})}{c_3^2}. \tag{84}$$

Der Geschwindigkeitsplan einer gegenläufigen Überdruckstufe ist, wie man aus Abb. 54 erkennen kann, ähnlich dem einer Gleichdruckstufe, wobei aber absolute und relative Geschwindigkeiten miteinander vertauscht sind. Dies muß man beachten, wenn man den erreichbaren Wirkungsgrad einer L-Stufe mit dem einer A-Stufe unter sonst gleichen Verhältnissen vergleichen will.

Den Düsenverlusten der A-Stufe entsprechen die Laufschaufelverluste der L-Stufe, den Laufschaufelverlusten der A-Stufe entsprechen die Strömungsverluste im Spalt zwischen zwei Laufkränzen der L-Stufe. Die Laufschaufelverluste der A-Stufe sind größer als die Strömungsverluste im Spalt der L-Stufe, weil der Dampf im Spalt nicht umgelenkt wird und nur einen sehr kurzen Weg zurückzulegen hat. Dagegen sind im allgemeinen die Düsenverluste der A-Stufe kleiner als die Schaufelverluste der L-Stufe, weil die Querschnitte der einzelnen Düsen der A-Stufe größer sind als die Querschnitte der einzelnen Schaufelkanäle der L-Stufe. Ob die Gesamtverluste der A-Stufe oder der L-Stufe größer sind, läßt sich nicht mit Sicherheit sagen. Jedenfalls kann der Wirkungsgrad beider Turbinenarten bei gleichen Verhältnissen und gleicher Kennzahl nicht sehr verschieden sein. Eine entscheidende Rolle wird hierbei der Grad der Undichtheit spielen. Nach Kraft[1] haben die L-Turbinen besonders bei kleinen Leistungen sehr geringen Dampfverbrauch und übertreffen hierin z. T. die Axialturbinen um ein weniges.

Ließe man die Laufkränze *1*, *3*, *5*, *7* usw. stillstehen und die Laufkränze *2*, *4*, *6*, *8* usw. mit der doppelten Drehzahl umlaufen, so erhielte man eine radiale Überdruckturbine ohne Gegenläufigkeit mit halber Stufenzahl, aber dem doppelten Wert $\sum(u^2)$ und einem Reaktionsgrad $r = 0{,}5$. Der Wirkungsgrad bliebe praktisch unverändert, obwohl die Kennzahl ν auf das $\sqrt{2}$fache gestiegen ist. Zur Erreichung desselben Wirkungsgrades muß also, worauf bereits Zerkowitz[2] hingewiesen hat, bei gleichen Durchmessern die R-Turbine ohne Gegenläufigkeit ungefähr doppelt so viel Stufen oder viermal so viel Schaufelkränze wie die L-Turbine haben.

Bei Kondensationsturbinen größerer Leistung werden noch einige Axialstufen in zweiflutiger Bauart[3] vorgesehen.

Die Kanalquerschnitte und Schaufellängen werden in ähnlicher Weise wie bei den axialen Stufen berechnet.

III. Sonderbauarten.

Die bisher behandelten Hochdruck-Kondensationsturbinen mit gleichbleibender Drehzahl sind die wichtigsten und am meisten verbreiteten Turbinen. Die für sie entwickelten Berechnungsmethoden gelten grundsätzlich auch für alle anderen Turbinenarten, so daß wir uns bei deren Besprechung kürzer fassen können und ohne Zahlenrechnungen nur die für die Berechnung maßgebenden Gesichtspunkte zu erörtern brauchen.

In den folgenden Abschnitten sollen noch die Turbinen mit Dampfentnahme, die Turbinen mit Zufuhr von ND-Dampf und die Turbinen mit veränderlicher Drehzahl besprochen werden.

Zu den Turbinen mit Dampfentnahme gehören die Gegendruckturbine und die Anzapfturbine, die stets mit HD-Dampf betrieben werden. Bei den Gegendruckturbinen wird der gesamte Abdampf, dessen Druck meistens größer als 1,0 ata ist, für Heizzwecke verwendet. Bei den Anzapfturbinen wird aus einer oder mehreren Zwischenstufen Dampf für Heizzwecke entnommen; ihr Abdampf wird entweder in einem Kondensator niedergeschlagen (Anzapf-Kondensationsturbine) oder ebenfalls für Heizzwecke verwendet (Anzapf-Gegendruckturbine).

Zu den Turbinen mit Zufuhr von ND-Dampf gehören die Abdampfturbine und die Mehrdruckturbine. Die Abdampfturbine wird in der Regel mit Dampf von geringem Überdruck betrieben; ihr Abdampf

[1] L. 11, S. 163. [2] L. 16, S. 82. [3] L. 11, Abb. 190; L. 13, Abb. 747.

wird in einem Kondensator niedergeschlagen. Der Mehrdruckturbine wird Dampf von verschiedener Spannung zugeführt; ihr Abdampf wird ebenfalls in einem Kondensator niedergeschlagen.

12. Gegendruckturbinen.

Der Gedanke, den Abdampf von Dampfmaschinen nicht in einem Kondensator niederzuschlagen, sondern für Heizzwecke zu verwenden, ist schon sehr alt. Bereits vor fast 90 Jahren hat Alban[1] vorgeschlagen, den Anfangsdruck von kondensatorlosen Dampfmaschinen bis auf 40 ata und darüber zu steigern und mit dem Abdampf dieser Maschinen Fabriksäle, Trockenvorrichtungen usw. zu heizen.

Eine derartige Anlage ist wirtschaftlicher, als die Erzeugung der Energie in Kondensationsdampfmaschinen und die Entnahme des erforderlichen Heizdampfes aus Dampfkesseln. Bei Kondensationsdampfmaschinen wird die im Abdampf enthaltene Wärmemenge, die weit mehr als 50% der Frischdampfwärme beträgt, vom Kühlwasser nutzlos weggeschwemmt. Dagegen kann bei Entspannung des Dampfes in Gegendruckmaschinen die in ihrem Abdampf enthaltene Wärmemenge fast vollständig für Heizzwecke nutzbar verwendet werden. Diese Abwärme ist, wenn man für sie Verwendung hat, als Nutzenergie anzusehen. Die Verluste einer derartigen Dampfanlage — Kesselanlage, Gegendruckmaschine, Heizvorrichtungen — bestehen nur aus den Kesselverlusten, den Wärmeverlusten durch Leitung und Strahlung nach außen und den mechanischen Verlusten der Maschine, so daß der thermische Wirkungsgrad der Anlage nur wenig kleiner als der Kesselwirkungsgrad ist, wie hoch oder niedrig auch der thermodynamische Wirkungsgrad der Gegendruckmaschine sein mag. Die aus dem Heizdampf durch vorherige Entspannung erzeugte mechanische Energie ist gewissermaßen ein Abfallprodukt, dessen Gestehungskosten sehr niedrig sind.

Es wäre aber irrig, anzunehmen, daß es in jedem Falle gleichgültig sei, welchen Wirkungsgrad die Gegendruckmaschine hat. Vielmehr ist der Einfluß des Wirkungsgrades auf die Wirtschaftlichkeit verschieden, je nachdem, ob der ganze Bedarf an mechanischer Energie aus der verfügbaren Heizdampfmenge erzeugt werden kann oder nicht. Der Wirkungsgrad der Gegendruckmaschine spielt nur dann keine Rolle, wenn die Heizdampfmenge so groß ist, daß man aus ihr mehr mechanische Energie erzeugen könnte als man braucht und man einen Teil des Heizdampfes aus dem Kessel unter Umgehung der Dampfmaschine als gedrosselten Frischdampf unmittelbar in die Heizleitung führen muß. In diesem Falle hat es keinen Zweck, eine Gegendruckturbine mit hohem Wirkungsgrad zu verwenden und dadurch die Anlagekosten zu erhöhen;

[1] L. 1.

vielmehr genügt dann eine möglichst einfache und billige Turbine mit Drosselregelung.

Meistens wird aber mehr Leistung gebraucht, als aus der gesamten Heizdampfmenge auch mit einer Turbine besten Wirkungsgrades erzeugt werden kann. Dann muß der Mehrbedarf an Leistung entweder in anderen Kraftmaschinen erzeugt oder aus einem Kraftwerk bezogen werden. Da beides in der Regel erheblich höhere Gestehungskosten verursacht, ist es in einem solchen Falle vorteilhaft, möglichst viel Leistung durch Entspannung des Heizdampfes zu erzeugen.

Die Leistung einer Turbine wird durch die Gleichung

$$N_e = \frac{G_h \cdot H'}{860} \cdot \eta_e \text{ in kW}$$

bestimmt. Die Dampfmenge G_h ist in der Regel durch den Bedarf an Heizdampf gegeben. Das adiabatische Gefälle H' hängt vom Anfangszustand $p_0\, t_0$ und vom Gegendruck p_A ab. p_A ist stets durch den Verwendungszweck des Heizdampfes bestimmt und gegeben. Wenn die den Heizdampf liefernden Dampfkessel vorhanden sind, ist p_0 und t_0 und damit auch H' gegeben. Die erzeugbare Leistung ist dann dem Turbinenwirkungsgrad η_e direkt proportional. Je besser dieser ist, um so mehr Leistung kann man mit dem Heizdampf erzeugen.

Soll dagegen die Kesselanlage neu beschafft werden, so können p_0 und t_0 frei gewählt werden. Je größer p_0 und t_0 bei gegebenem Gegendruck p_A sind, um so größer ist H' und die theoretische Leistung $N' = G_h \cdot H'/860$. Anderseits ist der erreichbare Turbinenwirkungsgrad η_e um so niedriger, je größer p_0 bei gegebenem t_0 und gegebener Kennzahl ν ist. Es kommt noch hinzu, daß mit der Erhöhung von p_0 die Anschaffungskosten der Anlage steigen. Daher lohnt es sich nicht, p_0 über einen gewissen Wert hinaus zu erhöhen. Dieser Höchstwert kann nicht genau berechnet werden, weil im Gebiet höherer Drücke noch nicht genügend Erfahrungen vorliegen. Je kleiner die in einer Gegendruckturbine zu verarbeitende Dampfmenge ist, um so kleiner ist der wirtschaftliche Höchstdruck.

Der erreichbare Wirkungsgrad η_e einer Gegendruckturbine ist außer von der hydraulischen Kennzahl ν in der Hauptsache noch vom Anfangsvolumen V_0 und Endvolumen V_A abhängig. Je kleiner V_0 und V_A sind, um so niedriger ist η_e. Bei Verwendung von überhitztem Dampf geht die Expansion in der Turbine meistens ganz oder fast ganz im Überhitzungsgebiet vor sich, so daß ein Einfluß der Dampfnässe auf den Wirkungsgrad gar nicht vorhanden oder nur sehr klein ist.

Gegendruckturbinen werden entweder einstufig oder mehrstufig ausgeführt. Einstufige Turbinen kommen in der Regel dann in Frage, wenn es sich um Turbinen kleiner Leistung handelt, bei denen es nicht auf einen hohen Wirkungsgrad ankommt. Sie bestehen in der Regel aus einer zwei- oder mehrkränzigen C-Stufe mit Düsenregelung. Mehrstufige Turbinen bestehen aus einer Anzahl von A- oder Ar-Kammerstufen; bei großem Endvolumen können die letzten Stufen auch als R-Trommelstufen ausgebildet werden. Die erste Stufe besteht meist aus einer A- oder C-Regelstufe.

Der Druck p_A, mit dem der Heizdampf die Turbine verläßt, ist in der Regel höher und nur selten niedriger als 1,0 ata. Meistens wird p_A praktisch unveränderlich gehalten; nur in Ausnahmefällen kommen größere Schwankungen von p_A vor. Die Zuflußgeschwindigkeit C_0 zur Turbine wird ungefähr ebenso groß wie bei Kondensationsturbinen gewählt. Dagegen wird die Abflußgeschwindigkeit C_A wegen des erheblich geringeren Abdampfvolumens und des kleineren Gefälles in der Regel kleiner als bei den HD-Kondensationsturbinen gewählt; man pflegt $C_A \leqq 50$ bis 60 m/s zu wählen. Der Druckunterschied $(p_n - p_A)$ des Abdampfes kann wegen seiner Geringfügigkeit meistens vernachlässigt werden. Auch die Auslaßgeschwindigkeit C_n aus dem letzten Laufkranz kann meist wesentlich kleiner gehalten werden als bei Kondensationsturbinen, ohne daß man zu lange Schaufeln erhält.

Die Wahl der Durchmesser und Schaufellängen erfolgt nach denselben Gesichtspunkten wie beim HD-Teil der HD-Kondensationsturbinen; jedoch pflegt man den Höchstwert von $\delta = \frac{d}{L}$ kleiner als bei den Kondensationsturbinen auszuführen. Die einzelnen Stufen werden in derselben Weise wie bei den HD-Kondensationsturbinen berechnet.

Wenn die Turbine für stark schwankende Belastung bestimmt ist und auf einen guten Wirkungsgrad auch bei Teillasten Wert gelegt wird, ist es zweckmäßig, die Turbine für eine mittlere Belastung auszulegen und Düsenregelung vorzusehen. Dann ist aber darauf zu achten, die Düsenquerschnitte so zu bemessen, daß die Turbine imstande ist, auch die zur Erzeugung der größten vorkommenden Leistung erforderliche Dampfmenge aufzunehmen.

In einer Anlage, die in der Regel mehr Heizdampf braucht als die Gegendruckturbine entsprechend ihrer jeweiligen Leistung verarbeiten kann, kann es doch vorkommen, daß zeitweise der Heizdampf zur Leistungserzeugung nicht ausreicht. Dann kann die Aufstellung eines Dampfspeichers (Ruthsspeichers) angezeigt sein. Verbraucht die Turbine mehr Dampf als in der Heizleistung gebraucht wird, so tritt der überschüssige Turbinenabdampf in den Speicher, dessen Druck dadurch steigt; während dieser Zeit arbeitet die Turbine mit steigendem Gegendruck. Wenn der Heizdampfbedarf gleich der Turbinenabdampfmenge ist, gibt die Turbine ihren ganzen Abdampf bei normalem Gegendruck in die Heizleitung, während der Speicher weder geladen noch entladen wird. Sobald der Heizdampfbedarf größer wird als die Turbinenabdampfmenge, wird der Mehrbedarf an Heizdampf zuerst aus dem Speicher und erst, wenn dieser entladen ist, unmittelbar aus dem Kessel gedeckt. Bei einer derartigen Anlage kommt es also darauf an, daß der Speicher möglichst stets entladen und dampfaufnahmebereit ist. Die Turbine ist dann so einzurichten, daß sie auch bei steigendem Gegendruck noch wirtschaftlich arbeitet. Zur Bestimmung des Hauptbetriebsfalles ist die Kenntnis des zeitlichen Verlaufes von Leistung und Heizdampfbedarf erforderlich.

13. Anzapfturbinen.

Anzapfturbinen sind solche *HD*-Turbinen, denen aus einer Stufe oder mehreren Stufen Dampf für Heizzwecke entnommen wird. Sie werden mit Kondensation oder Gegendruck betrieben; in letzterem Falle werden sie als Anzapf-Gegendruckturbinen bezeichnet. Anzapfturbinen mit Kondensation sind besonders dann am Platze, wenn die Heizdampfmenge nicht ausreicht, um die ganze erforderliche Leistung zu erzeugen. Bisweilen kann an Stelle einer Anzapfturbine auch eine Gegendruckturbine mit Dampfspeicher verwendet werden. Da der Heizdampfdruck in der Regel praktisch unverändert bleiben soll, müssen auch die Drücke an den Entnahmestellen und bei Anzapfgegendruckturbinen auch der Gegendruck konstant gehalten werden.

Die meisten Anzapfturbinen haben nur eine Entnahmestelle und bestehen infolgedessen aus zwei Teilen, und zwar einem *HD*-Teil, in dem der *HD*-Dampf vom Frischdampfdruck p_0 auf den Anzapfdruck p_N, und einem *ND*-Teil, in dem der *ND*-Dampf von p_N auf den Gegendruck p_A expandiert. Der *HD*-Teil ist eine Gegendruckturbine mit gleichbleibendem Gegendruck; nur schwankt seine Dampfmenge in der Regel weit mehr als bei Gegendruckturbinen. Deshalb wird der *HD*-Teil meist mit Düsenregelung ausgeführt. In manchen Fällen, namentlich bei Turbinen kleinerer Leistung oder kleineren *HD*-Gefälles wird er einstufig als *C*-Stufe ausgeführt. Da der Druck p_N an der Entnahmestelle gleichgehalten werden muß, ist zwischen *HD*- und *ND*-Teil eine Regelung, Drossel- oder Düsenregelung, vorzusehen. Welche von beiden zu wählen ist, hängt davon ab, wie groß die *ND*-Dampfmenge G_k und ihre Veränderlichkeit ist. Wenn G_k im Verhältnis zur gesamten Dampfmenge G nur gering ist, bringt die Düsenregelung des *ND*-Teils keinen merkbaren Vorteil. Muß aber die Turbine längere Zeit mit größerer Belastung und kleinerer Dampfentnahme laufen, so ist Düsenregelung der *ND*-Dampfmenge vorzuziehen.

Wenn die Turbine längere Zeit ohne Entnahme, also bei reinem Kondensationsbetrieb arbeiten muß, ist es zweckmäßig, während dieser Zeit die Überströmventile oder einen Teil von ihnen ganz zu öffnen und fest zu stellen, damit der Dampf aus dem HD-Teil möglichst ungehindert in den ND-Teil übertreten kann; eine gewisse Drosselung ist aber auch bei ganz geöffneten Ventilen nicht zu vermeiden. Deshalb ist der Dampfverbrauch einer Anzapfturbine bei reinem Kondensationsbetrieb ohne Entnahme stets höher als der einer gleichgroßen reinen Kondensationsturbine.

Bei reinem Gegendruckbetrieb, wenn die ganze Dampfmenge für Heizzwecke entnommen wird, sind die Überströmventile geschlossen und die ND-Räder laufen leer im Vakuum. Die hierdurch erzeugte Reibungswärme muß von dem durch die Zwischenstopfbüchse in den ND-Teil eintretenden Leckdampf abgeführt werden, weil sich sonst im ND-Teil eine zu hohe Temperatur einstellen würde. Reicht die Leckdampfmenge hierzu nicht aus, was bei schlechtem Vakuum, hoher Umfangsgeschwindigkeit und sehr dichten Labyrinthen vorkommen kann, so ist das zuerst öffnende Überströmventil so einzurichten, daß es niemals ganz schließt, damit stets eine gewisse Mindestdampfmenge in den ND-Teil eintreten kann.

Die aus der Turbine entnommene Dampfmenge G_a arbeitet nur im HD-Teil (Abb. 1); ihr adiabatisches Gefälle ist $H_{\mathrm{I}}' = J_0 - J_N'$ (Abb. 3). Demnach ist ihre theoretische Leistung

$$N_{\mathrm{I}}' = \frac{G_a \cdot H_{\mathrm{I}}'}{860} \text{ in kW.}$$

Die in den Kondensator fließende Dampfmenge G_k arbeitet in allen Stufen der Turbine; ihr Gefälle ist $H' = J_0 - J_A'$, so daß ihre theoretische Leistung

$$N_{\mathrm{II}}' = \frac{G_k \cdot H'}{860} \text{ in kW}$$

ist. Demnach ist die gesamte theoretische Leistung der Turbine

$$N' = N_{\mathrm{I}}' + N_{\mathrm{II}}' = \frac{G_a \cdot H_{\mathrm{I}}' + G_k \cdot H'}{860}$$

oder, da $G_k = G - G_a$ ist,

$$N' = \frac{G \cdot H' - G_a \cdot (H' - H_{\mathrm{I}}')}{860}.$$

Damit ergibt sich ein thermodynamischer (kombinierter) Wirkungsgrad

$$\eta_e = \frac{N_e}{N'} = \frac{860 \cdot N_e}{G \cdot H' - G_a \cdot (H' - H_{\mathrm{I}}')}. \tag{85}$$

Vor der Berechnung der Anzapfturbine ist erst der angenäherte Dampfverbrauch bei veränderlicher Belastung und Entnahme zu ermitteln. Bei reinem Kondensationsbetrieb ohne Entnahme ist der Dampfverbrauch etwas größer als der einer gleich großen reinen Kondensationsturbine, einmal aus dem bereits oben erwähnten Grunde, aber auch deswegen, weil die Turbine in der Regel nicht für reinen Kondensationsbetrieb eingerichtet ist und hierbei eine unzweckmäßige Gefällsverteilung besitzt. Ist der Dampfverbrauch bei reinem Kondensationsbetrieb schätzungsweise für verschiedene Belastungen (z. B. für $^4/_4$, $^3/_4$, $^2/_4$ und $^1/_4$ Last) ermittelt, so trägt man die Werte in ein Diagramm ein, dessen Abszissen die Entnahmemenge G_a und dessen Ordinate der Gesamtverbrauch G ist (Abb. 55, obere Hälfte, Punkte A, B, C und D). Hierauf schätzt man den Dampfverbrauch bei reinem Gegendruckbetrieb für dieselben Belastungen und trägt die gefundenen Werte in das Diagramm über G_a ein (Punkte A_1, B_1, C_1 und D_1); hierbei ist zu beachten, daß G um die Leckdampfmenge größer als G_a ist. Die Punkte A und A_1, B und B_1, C und C_1, D und D_1 verbindet man durch gerade Linien, die den angenäherten Dampfverbrauch bei veränderlicher Belastung und Entnahme angeben. Außerdem ist es zweckmäßig, die durch den ND-Teil in den Kondensator fließenden Dampfmengen $G_k = G - G_a$ ebenfalls einzutragen (Abb. 55, untere Hälfte).

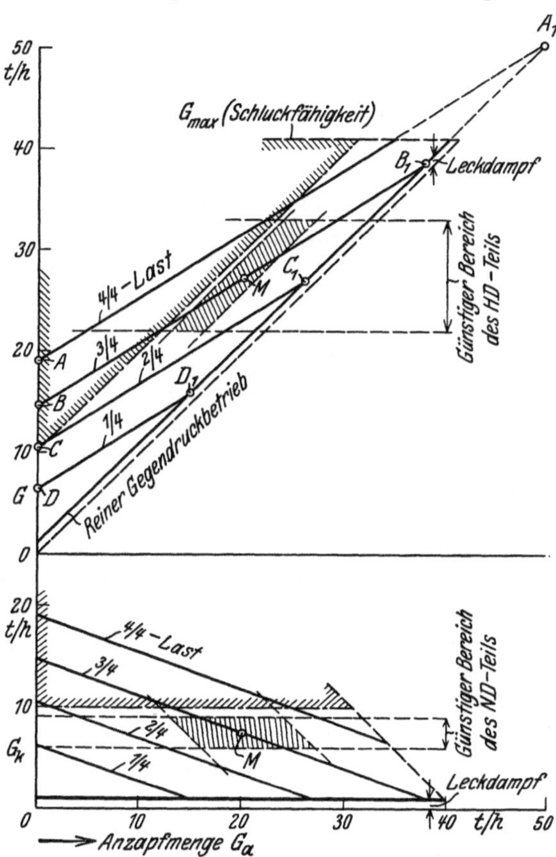

Abb. 55. Dampfverbrauchsdiagramm einer Anzapfturbine.

Die Dampfverbrauchskurven sind in Wirklichkeit keine geraden Linien, sondern schwach gekrümmt und haben unter Umständen auch einen Wendepunkt. Von den durch Düsenregelung verursachten wellenartigen Ausbuchtungen ist hierbei abgesehen.

Die Schwierigkeit bei der Wahl der Abmessungen beruht darauf, daß bei veränderlicher Belastung und Entnahme die Dampfmenge sowohl des HD-Teils als auch des ND-Teils stark schwankt. Bei Anzapfbetrieb ist die durch den *ND*-Teil fließende Dampfmenge G_k um die Entnahmemenge G_a kleiner als die durch den *HD*-Teil fließende Dampfmenge G. Je mehr Dampf entnommen wird, um so größer ist der Unterschied zwischen der *HD*-Dampfmenge G und der *ND*-Dampfmenge G_k. Jeder der beiden Turbinenteile kann aber nur für einen bestimmten Bereich der Dampfmenge günstig gebaut werden. Der Wirkungsgrad η_{I} des *HD*-Teils (oder einer Gegendruckturbine), abhängig von der Dampfmenge aufgetragen, wird im allgemeinen bei sonst gleichbleibenden Verhältnissen durch eine Kurve dargestellt, die bei einer bestimmten Dampfmenge einen Höchstwert hat und bei Über- oder Unterschreitung dieser Dampfmenge abfällt. Je nachdem welche Abweichung des Wirkungsgrades vom Höchstwert man noch als „günstig" bezeichnet, gibt es einen mehr oder weniger großen „günstigen Bereich". Dasselbe gilt auch für den *ND*-Teil. Die Dampfmenge, bei der der Höchstwert auftritt, hängt in der Hauptsache von den Abmessungen der letzten Stufe und bei Düsenregelung auch der ersten Stufe des betreffenden Turbinenteils ab. Wenn dieser einstufig mit Düsenregelung ausgeführt wird, hat die Wirkungsgradkurve einen sehr flachen Verlauf und strebt erst bei kleiner Dampfmenge dem Werte 0 zu. Bei mehrstufigen Turbinenteilen ist zwar der höchste Wirkungsgrad im allgemeinen größer als bei einstufigen Teilen; dagegen fällt η zu beiden Seiten des Höchstwertes um so rascher ab, je größer die Stufenzahl ist.

Als Beispiel soll eine Turbine angenommen werden, für die das in Abb. 55 dargestellte Dampfverbrauchsdiagramm auch zahlenmäßig gilt. Der Hauptbetriebsfall, bei dem die Turbine den besten Wirkungsgrad haben soll, liege beispielsweise bei $^3/_4$ Last und einer Entnahme $G_a = 20$ t/h. Dann ist die durch den *HD*-Teil fließende Gesamtmenge $G = 27{,}3$ t/h und die durch den *ND*-Teil in den Kondensator fließende Dampfmenge $G_k = G - G_a = 7{,}3$ t/h. Diese beiden Werte sind in Abb. 55 als Punkte M eingetragen. Ferner soll angenommen werden, daß der günstige Bereich des *HD*-Teils bei $G \pm 20\%$, also zwischen $\sim$ 22 und 33 t/h, der des *ND*-Teils bei $G_k \pm 20\%$, also zwischen $\sim$6 und 9 t/h liegt. Diese Bereiche sind in Abb. 55 durch waagerechte gestrichelte Linien gekennzeichnet. Wenn man den günstigen Bereich des *HD*-Teils in den *ND*-Teil und umgekehrt überträgt, erkennt man, daß nur innerhalb eines bestimmten Bereiches von Leistung und Entnahme beide Turbinenteile gleichzeitig in ihrem günstigen Bereich arbeiten. Dieser Bereich ist durch die senkrecht schraffierten Flächen gekennzeichnet. Man sieht, daß bei den gemachten Annahmen der gleichzeitige günstige Bereich nur sehr klein ist. Je mehr die Betriebsverhältnisse von dem senkrecht schraffierten Gebiet abweichen, um so ungünstiger wird der Wirkungsgrad. Es sei ferner angenommen, daß bei ganz geöffneten Überströmventilen und $G_k = 10$ t/h der Druck vor den Düsen der ersten *ND*-Stufe praktisch gleich dem Anzapfdruck sei. Ist dann die durch den *ND*-Teil fließende Dampfmenge $G_k > 10$ t/h, so steigt der Druck an der Entnahmestelle über den Druck des Heizdampfes. In der Anzapfleitung ist dann ein Regelorgan (z. B. ein Reduzierventil) anzubringen, das den Druck an der Entnahmestelle auf den erforderlichen Wert herabdrosselt. Dies bedeutet natürlich eine Beeinträchtigung des Wirkungsgrades. Der Bereich, innerhalb dessen der Anzapfdruck über den Heizdampfdruck steigt, ist in Abb. 55 durch Randschraffur gekennzeichnet.

Schließlich sei noch angenommen, daß die größtmögliche Gesamtdampfmenge (Schluckfähigkeit) $G_{\max} \cong 41$ t/h betrage; dieser Wert ist in Abb. 55 (obere Hälfte) durch eine waagerechte gestrichelte Linie, in der unteren Hälfte durch eine geneigt verlaufende gestrichelte Linie angedeutet.

Im allgemeinen kann folgendes gesagt werden. Je höher der Wirkungsgrad der Anzapfturbine bei reinem Kondensationsbetrieb ist, um so niedriger ist er bei steigender Entnahme und umgekehrt.

Der *HD*-Teil wird wie eine Gegendruckturbine, der *ND*-Teil wie eine Kondensations- oder Gegendruckturbine mit verhältnismäßig niedrigem Anfangsdruck berechnet.

Bei Anzapfturbinen mit Kondensation und zwei Anzapfstellen verschiedenen Druckes ist zwischen *HD*- und *ND*-Teil noch ein *MD*-Teil geschaltet, dessen Anfangs- und Gegendruck konstant gehalten werden müssen. Das adiabatische Gefälle dieses Teils ist dann ungefähr gleichbleibend, während die durch ihn fließende Dampfmenge in der Regel stark schwankt. Da das Gefälle meist verhältnismäßig klein ist, empfiehlt es sich, den *MD*-Teil einstufig als *A*- oder *C*-Regelstufe auszuführen.

14. Abdampfturbinen.

Abdampfturbinen werden mit dem Abdampf von Kolbendampfmaschinen (z. B. Walzenzugmaschinen, Fördermaschinen, Dampfhämmern) betrieben. In der Regel wird dieser in unregelmäßigen Mengen stoßweise anfallende Abdampf zuerst in einen unter geringem Überdruck stehenden Dampfspeicher geleitet und von dort in möglichst gleichmäßigem Strom einer *ND*-Kondensationsturbine (Abdampfturbine) zugeführt.

Da das Eintrittsvolumen V_0 des Dampfes wegen des höheren Dampfverbrauches und des niedrigeren Anfangsdruckes p_0 wesentlich größer als bei gleichgroßen *HD*-Kondensationsturbinen ist, läßt man für die Zuflußgeschwindigkeit C_0 höhere Werte, etwa 40 bis 50 m/s, zu, damit der Querschnitt der Dampfzuleitung nicht zu groß wird, während man die Abflußgeschwindigkeit C_A etwa gleich der einer gleich großen *HD*-Kondensationsturbine zu wählen pflegt.

Die Turbine wird wie der ND-Teil einer HD-Kondensationsturbine berechnet.

Abdampfturbinen haben den Nachteil, daß ihre Leistung von den jeweils anfallenden Abdampfmengen abhängt. Sie kommen deshalb nur dann in Frage, wenn sie mit anderen Maschinen parallel arbeiten. Setzt die Lieferung von Abdampf aus irgendwelchen Gründen aus, so kann eine Abdampfturbine nur solange weiter betrieben werden, bis der Speicher entladen ist. Wenn dieser Fall eingetreten ist, muß die Turbine stillgesetzt werden. Zur Vermeidung dieses Übelstandes schaltet man vor die Abdampfturbine noch einen HD-Teil, der zur Zeit ausbleibenden Abdampfes mit Frischdampf gespeist wird (Frischdampf-Abdampfturbine).

15. Mehrdruckturbinen.

Mehrdruckturbinen sind solche Turbinen, denen Dampf verschiedenen Druckes zugeführt wird. In der Regel werden sie als Zweidruckturbinen zugeführt und teils mit Frischdampf teils mit Dampf aus einem Dampfspeicher gespeist. Der Dampfspeicher kann ein ND-Speicher mit praktisch gleichbleibendem Druck oder ein HD-Speicher mit stark veränderlichem Druck (Ruthsspeicher) sein.

a) Zweidruckturbine mit ND-Speicher (Frischdampf-Abdampfturbine).

Abb. 2 zeigt den Läufer einer Zweidruckturbine, deren HD-Teil aus einer zweikränzigen C-Stufe und deren ND-Teil aus einer Anzahl von A-Stufen besteht. Der Speicherdruck ist, wie bei den Speichern der Abdampfturbine, etwas größer als 1,0 ata und ändert sich nur sehr wenig.

Es gibt zwei Arten von Frischdampf-Abdampfturbinen, nämlich solche, bei denen sich der den HD-Teil verlassende Dampf G_f mit dem Speicherdampf G_s vor dem ND-Teil mischt, und solche, bei denen die Mischung erst dann stattfindet, wenn der Speicherdampf bereits in einer Stufe Arbeit geleistet hat.

Bei der ersten Art wird zum Zwecke der Gleichhaltung des Speicherdruckes entweder der Speicherdampf G_s allein oder der Mischdampf $(G_f + G_s)$ gesteuert. Wird der Speicherdampf allein durch Drosselung gesteuert, so ist der Druck im Mischraum vor den Düsen der ersten ND-Stufe angenähert proportional der durch den ND-Teil fließenden Dampfmenge $G = G_f + G_s$. Infolgedessen muß der Druck p_N im Mischraum stets kleiner als der Speicherdruck p_s sein und darf ihm erst dann nahekommen, wenn die Höchstwerte von Leistung und Abdampfzufuhr gleichzeitig auftreten, also bei der größtmöglichen ND-Dampfmenge (Schluckfähigkeit) $G_{\max}$. Bei Betrieb mit kleiner Abdampfzufuhr ist aber die durch den *ND*-Teil fließende Dampfmenge sehr viel kleiner als der Höchstwert. Infolgedessen ist dann auch der Druck vor dem ersten Leitrad des *ND*-Teils sehr viel kleiner als der Speicherdruck, so daß der Speicherdampf stark gedrosselt werden muß. Hierdurch wird die Wirtschaftlichkeit des Betriebes stark beeinträchtigt. Es besteht natürlich auch die Möglichkeit, den Speicherdampf nacheinander in verschiedenen Stufen der Turbine zuzuführen, in denen der Druck jeweils nur wenig niedriger als der Speicherdruck ist.

Wird der Mischdampf $G = G_f + G_s$ durch Mengenregelung gesteuert, so wird zwar die Drosselung des Speicherdampfes vermieden; allein im Mischraum ist der Druck stets etwas größer als 1,0 ata. Infolgedessen würde bei reinem Speicherdampfbetrieb ohne Frischdampfzufuhr der *HD*-Teil in ruhendem Dampf leer laufen. Dies ist unzulässig, weil es eine zu starke Erwärmung des *HD*-Teils verursachen würde. Deshalb muß dem *HD*-Teil stets so viel Frischdampf zugeführt werden, daß er imstande ist, die Ventilationswärme der *HD*-Räder abzuführen. Ein Betrieb ganz ohne Frischdampfzufuhr ist also meist unmöglich.

Bei der zweiten, vom Verfasser vorgeschlagenen Art von Frischdampf-Abdampfturbinen mischen sich Frischdampf und Speicherdampf erst wenn letzterer bereits in einer Stufe (Mittelstufe) Arbeit geleistet hat[1]. Im Mischraum herrscht dann ein Druck, der stets niedriger als 1,0 ata ist. Bei reinem Speicherdampfbetrieb läuft der *HD*-Teil leer in Dampf von einem Druck $p < 1{,}0$ ata, so daß seine Ventilationsarbeit verringert ist. Durch die vordere Stopfbüchse muß Sperrdampf in den *HD*-Teil geführt werden. Nur wenn dieser nicht ausreichen sollte, um die Ventilationswärme ohne schädliche Erwärmung abzuleiten, muß auch Frischdampf zugesetzt werden, dessen Menge aber auf jeden Fall wesentlich geringer als im vorigen Fall ist. Wenn es sich um verhältnismäßig kleine Speicherdampfmengen handelt, kann die Mittelstufe teils von Speicherdampf, teils von Frischdampf[2] beaufschlagt werden.

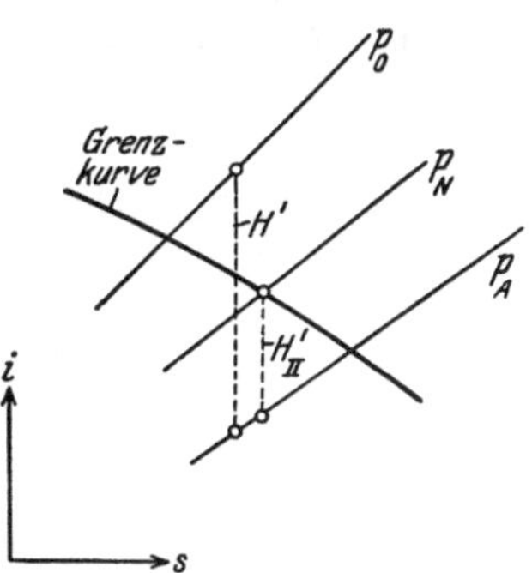

Abb. 56. *is*-Diagramm einer Zweidruckturbine.

Der Frischdampfmenge G_f steht das ganze Turbinengefälle H', dem Speicherdampf G_s nur das Gefälle H'_{II} vom Speicherdruck p_s bis auf den Gegendruck p_A zur Verfügung (Abb. 56). Demgemäß ist die theoretische Leistung der Turbine

$$N' = \frac{G_f \cdot H' + G_s \cdot H'_{\mathrm{II}}}{860}$$

[1] L. 13, Abb. 855. [2] L. 13, Abb. 854.

und der thermodynamische (kombinierte) Wirkungsgrad

$$\eta_e = \frac{N_e}{N'} = \frac{860 \cdot N_e}{G_f \cdot H' + G_s \cdot H'_{II}} . \tag{86}$$

Das Dampfverbrauchsdiagramm einer Zweidruckturbine ist grundsätzlich gleich dem einer Anzapfturbine (Abb. 55); nur ist G_f und G_s an Stelle von G_a und G_k zu setzen. Der günstige Betriebsbereich kann in derselben Weise wie bei Anzapfturbinen bestimmt werden.

Der *HD*-Teil wird wie eine Gegendruckturbine, der *ND*-Teil wie eine Abdampfturbine berechnet.

b) Zweidruckturbine mit *HD*-Speicher.

Bei derartigen Turbinen hat der Speicher grundsätzlich einen anderen Zweck als der *ND*-Speicher. Er soll bei stark veränderlicher Turbinenbelastung (z. B. in Bahnkraftwerken) die Frischdampfzufuhr zur Turbine möglichst gleichhalten. In Abb. 57 ist das Schaltungschema einer solchen Anlage nach den Vorschlägen des Verfassers wiedergegeben. Verbraucht die Turbine gerade so viel Dampf wie vom Kessel geliefert wird, so arbeitet die Turbine wie eine gewöhnliche *HD*-Kondensationsturbine, während der Speicher weder geladen noch entladen wird. Sinkt die Belastung, so verbraucht die Turbine weniger Dampf, als gerade vom Kessel geliefert wird, und die überschüssige Frischdampfmenge wird dem Speicher zugeführt, dessen Druck infolgedessen steigt. Ist die Belastung der Turbine so hoch, daß die Turbine mehr Dampf verbraucht als vom Kessel geliefert wird, so wird der Mehrbedarf aus dem Speicher entnommen, dessen Druck während dieser Entladezeit dauernd sinkt. Der Speicherdampf wird vor besondere Düsen der ersten Stufe oder, wie in Abb. 57 durch die gestrichelte Linie angedeutet ist, in eine beliebige Zwischenstufe der Turbine geleitet. Der Speicher kann so weit aufgeladen werden, daß sein Druck nahezu gleich dem Frischdampfdruck ist, und bis auf etwa 1,5 ata entladen werden. Die Speicherfähigkeit ist also sehr groß.

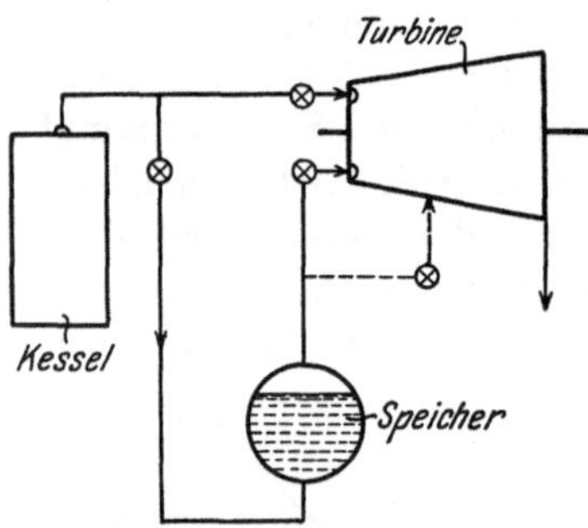

Abb. 57. Schematische Darstellung einer Zweidruckturbine mit *HD*-Wärmespeicher.

Bei der Berechnung der Turbine ist zu beachten, daß während der Zufuhr von Speicherdampf zur Turbine der Speicherdruck dauernd sinkt. Wird der Speicherdampf einer Zwischenstufe der Turbine zugeführt, so erhält der *HD*-Teil der Turbine auch bei größerer Belastung eine fast gleichbleibende Frischdampfmenge, während sich der Gegendruck des *HD*-Teils mit der Belastung ändert. Der *HD*-Teil arbeitet in dieser Zeit wie eine Gegendruckturbine mit gleichbleibender Dampfmenge und veränderlichem Gegendruck. Ähnlich ist es, wenn der Speicherdampf vor besondere Düsen der ersten Stufe geführt wird. In diesem Falle wird die erste Stufe zweckmäßig als *C*-Stufe ausgebildet, damit ihr Gegendruck bei voller Belastung nicht zu hoch ist. Der Speicherdampf arbeitet dann parallel mit dem Frischdampf auf die *C*-Stufe, aber sein Gefälle ist dabei stark veränderlich. Die Beschaufelung der *C*-Stufe muß nach Möglichkeit den verschiedenen Betriebsverhältnissen angepaßt werden. Der *ND*-Teil arbeitet wie der *ND*-Teil einer gewöhnlichen *HD*-Kondensationsturbine.

16. Turbinen mit veränderlicher Drehzahl.

Bei manchen Arbeitsmaschinen, z. B. Kreiselpumpen, Kreiselkompressoren, Schiffsschrauben, ändert sich der Kraftbedarf mit der Drehzahl. Infolgedessen müssen die Antriebsturbinen ebenfalls für veränderliche Drehzahl eingerichtet werden. Da die genannten Arbeitsmaschinen bei niedriger, die Turbinen aber bei hoher Drehzahl am günstigsten arbeiten, wird meistens zwischen Turbine und Arbeitsmaschine ein Drehzahlumformer (Zahnradgetriebe, Föttinger-Transformator) geschaltet. Die Reibungsverluste von Zahnradvorgelegen mittlerer Leistung betragen nach Kraft[1] einschließlich der Lagerverluste unter Verwendung von geeigneten Ölen bei einstufiger Übersetzung 1 bis 2%, bei zweistufiger 3 bis 4% der zu übertragenden Arbeit. Der Föttinger-Transformator wird hauptsächlich zum Antrieb von Schiffschrauben verwendet; er hat größere Arbeitsverluste als das Zahnradvorgelege, kann aber umsteuerbar eingerichtet werden.

Für die Berechnung der Turbinen muß der Zusammenhang zwischen Leistung und Drehzahl gegeben sein.

Das Expansionsgefälle h_ε der letzten Stufe und demzufolge auch die entsprechende Geschwindigkeit c_ε wird bei steigender Belastung größer. Gleichzeitig wird auch wegen der mit der Belastung steigenden Drehzahl die Umfangsgeschwindigkeit u größer. Infolgedessen ändert sich im allgemeinen die Kennzahl ν_ε der letzten Stufe mit der Belastung viel weniger als bei Turbinen mit gleichbleibender Drehzahl. Die Abmessungen der letzten Stufe können also der veränderlichen Belastung gut angepaßt werden.

Dagegen wird bei Düsenregelung mit steigender Belastung das Gefälle und die Dampfgeschwindigkeit der ersten Stufe kleiner, so daß sich ihre Stufenkennzahl mit der Belastung weit stärker ändert als bei Turbinen mit gleichbleibender Drehzahl. Hierdurch wird die Be-

[1] L. 11, S. 166.

rechnung der ersten Stufe erschwert, so daß sie nur für einen kleinen Leistungsbereich passend eingerichtet werden kann. Man kann diesen Bereich dadurch etwas erweitern, daß man den Düsen der einzelnen Düsenventile verschiedene Abmessungen, insbesondere verschiedene Winkel, gibt. Bei Schiffsturbinen, bei denen die Unterschiede der vorkommenden Leistungen und Drehzahlen besonders groß sind, treten diese Schwierigkeiten besonders hervor. Man hat durch verschiedene Schaltungen[1] versucht, diese Schwierigkeiten zu überwinden.

Das Gefälle der Zwischenstufen und bei Drosselregelung auch der ersten Stufe ändert sich im allgemeinen mit der Belastung nur wenig, namentlich wenn die Düsengeschwindigkeit c' in der Nähe der Schallgeschwindigkeit oder darüber liegt. Der Wirkungsgrad einer solchen Stufe mit fast gleichbleibender Dampf-, aber veränderlicher Umfangsgeschwindigkeit ändert sich nach einer parabolischen Kurve, die bei einer bestimmten Umfangsgeschwindigkeit einen Höchstwert hat. Man berechnet dann die Stufe so, daß beim Hauptbereich die Umfangsgeschwindigkeit auf beiden Seiten des Höchstwertes liegt. Dies ergibt allerdings eine weit höhere Stufenzahl als bei Turbinen mit gleichbleibender Drehzahl üblich ist. Will man dies nicht, so muß man den verringerten Wirkungsgrad bei geringer kleinerer Leistung und Drehzahl in den Kauf nehmen.

---

[1] L. 13, S. 625 u. f.

Literaturnachweis.

(In den Fußnoten sind die betreffenden Literaturstellen durch die Bezeichnung „L. 1“, „L. 2.“ usw. gekennzeichnet.)

L. 1. Alban: Die Hochdruckdampfmaschine. Rostock und Schwerin 1843.

L. 2. Anderhub: Untersuchungen über die Dampfströmung im radialen Schaufelspalt bei Überdruckturbinen. Dissertation, Zürich 1912.

L. 3. Baumann: Neuere große Dampfturbinen. Z.V.d.I. **1930**, 805 u. f.

L. 4. Flügel: Die Düsencharakteristik. (Forsch.-Arb. Ing. Heft 217.) Berlin: VDI-Verlag 1919.

L. 5. Flügel: Die Dampfturbinen. (Handbuch der physikalischen und technischen Mechanik **6**, Lief. 2, 475—529.) Leipzig: Barth 1928.

L. 6. Forner: Der Einfluß der rückgewinnbaren Verlustwärme des Hochdruckteils auf den Dampfverbrauch der Dampfturbinen. Berlin: Julius Springer 1922.

L. 7. Forner: Dampfverbrauch und Wirkungsgrad von Dampfturbinen. Z.V.d.I. **1926**, 502 u. f.

L. 8. Freudenreich: Einfluß der Dampfnässe auf Dampfturbinen. Z. V. d. I. **1927**, 664 u. f.

L. 9. Hütte: Des Ingenieurs Taschenbuch **2**, 25. Aufl. Berlin: Ernst und Sohn 1926.

L. 10. Knoblauch, Raisch, Hausen: Tabellen und Diagramme für Wasserdampf, berechnet aus der spezifischen Wärme. München: Oldenbourg 1923.

L. 11. Kraft: Die neuzeitliche Dampfturbine. 2. Aufl. Berlin: VDI-Verlag 1930.

L. 12. Mollier: Neue Tabellen und Diagramme für Wasserdampf. 2. Aufl. Berlin: Julius Springer 1925.

L. 13. Stodola: Dampf- und Gasturbinen. 5. Aufl. Berlin: Julius Springer 1922.

L. 14. Stodola: Dampf- und Gasturbinen. Nachtrag zur 5. Aufl. Berlin: Julius Springer 1924.

L. 15. Wagner: Der Wirkungsgrad von Dampfturbinen-Beschaufelungen. Berlin: Julius Springer 1913.

L. 16. Zerkowitz: Thermodynamik der Turbomaschinen. München: Oldenbourg 1913.

L. 17. Zerkowitz: Die Entspannung von Naßdampf in der Dampfturbine. Arch. Wärmewirtsch. **1929**, 271 u. f.

L. 18. Zietemann: Berechnung und Konstruktion der Dampfturbinen. Berlin: Julius Springer 1930.

Der Einfluß der rückgewinnbaren Verlustwärme des Hochdruckteils auf den Dampfverbrauch der Dampf-Turbinen. Von Privatdozent Dr.-Ing. **Georg Forner**, Berlin. Mit 10 Textabbildungen und 8 Zahlentafeln. IV, 36 Seiten. 1922. RM 1.50

Der Einfluß der Dampftemperatur auf den Wirkungsgrad von Dampfturbinen. Von Dr.-Ing. **Arthur Zinzen**. Mit 34 Textabbildungen. IV, 67 Seiten. 1928. RM 6.—

Thermodynamische Grundlagen der Kolben- und Turbokompressoren. Graphische Darstellungen für die Berechnung und Untersuchung. Von Oberingenieur **Adolf Hinz**, Frankfurt a. M. Zweite, verbesserte Auflage. Mit 73 Abbildungen und 20 graphischen Berechnungstafeln sowie 19 Zahlentafeln. VI, 68 Seiten. 1927. Gebunden RM 25.—

Anleitung zur Durchführung von Versuchen an Dampfmaschinen, Dampfkesseln, Dampfturbinen und Verbrennungskraftmaschinen. Zugleich Hilfsbuch für den Unterricht in Maschinenlaboratorien technischer Lehranstalten. Von Dipl.-Ing. **Franz Seufert**, Oberingenieur für Wärmewirtschaft. Achte, verbesserte Auflage. Mit 55 Abbildungen. VI, 161 Seiten. 1927. RM 3.60

Die Entropie-Diagramme der Verbrennungsmotoren einschließlich der Gasturbine. Von Prof. Dipl.-Ing. **P. Ostertag**, Winterthur. Zweite, umgearbeitete Auflage. Mit 16 Textabbildungen. IV, 78 Seiten. 1928. RM 4.50

Technische Thermodynamik. Von Professor Dipl.-Ing. **W. Schüle**.

Erster Band: Die für den Maschinenbau wichtigsten Lehren nebst technischen Anwendungen. Fünfte, neubearbeitete Auflage.

1. Teil: Lehre von den Gasen und allgemeine thermodynamische Grundlagen. Mit 181 Abbildungen im Text und den Tafeln I—IIa. VIII, 385 Seiten. 1930. Gebunden RM 18.—
2. Teil: Lehre von den Dämpfen. Mit 140 Abbildungen im Text und den Tafeln III—IVa. VIII, 280 Seiten. 1930. Gebunden RM 16.—

Zweiter Band: Höhere Thermodynamik mit Einschluß der chemischen Zustandsänderungen nebst ausgewählten Abschnitten aus dem Gesamtgebiet der technischen Anwendungen. Vierte, erweiterte Auflage. Mit 228 Textfiguren und 5 Tafeln. XVIII, 509 Seiten. 1923. Gebunden RM 18.—

Thermodynamik. Die Lehre von den Kreisprozessen, den physikalischen und chemischen Veränderungen und Gleichgewichten. Eine Hinführung zu den thermodynamischen Problemen unserer Kraft- und Stoffwirtschaft. Von Dr. **W. Schottky**, Wissenschaftlichem Berater der Siemens & Halske A.-G., früher ordentlichem Professor für Theoretische Physik an der Universität Rostock. In Gemeinschaft mit Dr. **H. Ulich**, Privatdozent und Assistent für Physikalische Chemie an der Universität Rostock, und Dr. **C. Wagner**, Privatdozent und Assistent am Chemischen Laboratorium der Universität Jena. Mit 90 Abbildungen und 1 Tafel. XXV, 619 Seiten. 1929. RM 56.—; gebunden RM 58.80